医药卫生职业教育"十二五"规划配套教材
（供护理、助产、药剂等专业使用）

主审○刘 芳 肖 伟

生物与生物化学
学习指导

主　编○张友贵
副主编○游振伟　唐　萍
参　编○荣熙敏　罗盛刚　何冬梅

西南交通大学出版社
·成 都·

图书在版编目（ＣＩＰ）数据

生物与生物化学学习指导 / 张友贵主编. —成都：
西南交通大学出版社，2016.9
医药卫生职业教育"十二五"规划配套教材. 供护理、
助产、药剂等专业使用
ISBN 978-7-5643-4995-0

Ⅰ. ①生… Ⅱ. ①张… Ⅲ. ①生物学 – 高等职业教育
– 教学参考资料②生物化学 – 高等职业教育 – 教学参考资
料 Ⅳ. ①Q

中国版本图书馆 CIP 数据核字（2016）第 210201 号

医药卫生职业教育"十二五"规划配套教材
（供护理、助产、药剂等专业使用）

生物与生物化学学习指导

主编 张友贵

*

责任编辑 张华敏
特邀编辑 唐建明 蒋雨杉
封面设计 何东琳设计工作室
西南交通大学出版社出版发行
四川省成都市二环路北一段 111 号西南交通大学创新大厦 21 楼
邮政编码：610031 发行部电话：028-87600564
http://www.xnjdcbs.com
成都勤德印务有限公司印刷

*

成品尺寸：185 mm×260 mm 印张：10.5
字数：258 千
2016 年 9 月第 1 版 2016 年 9 月第 1 次印刷
ISBN 978-7-5643-4995-0
定价：22.00 元

医药卫生职业教育"十二五"规划配套教材
编写委员会

序　言

　　近年来，我国职业教育事业飞速发展，进入了历史性转折阶段，已由"规模扩张"转入"质量提升"。当前，"在改革中创新、在创新中发展、在发展中提升"成为职业教育发展的主旋律。为了更好地贯彻落实国务院《关于加快现代职业教育的决定》，深化职业教育教学改革，全面提高人才培养质量，我校根据职业教育和学生身心发展规律，依据现代职业教育发展方向，把"育人为根本、就业为导向、能力为本位、技能为核心"作为人才培养目标，并根据医药卫生专业的特点，强调公共课、基础课、专业课间的相互融通与配合，突出"在做中学、在做中教"的技能型人才培养方式，强化职业教育教学的实践性，促进学以致用、用以促学、学用相长，为此，我们在参考国内外相关著作的基础上，组织经验丰富的骨干教师编写了"专业理论课程学习指导"系列教材，目前已使用多年并取得了良好的教学效果。在这一成果的基础上，我们又经过充分论证，结合医药卫生类职业学校教学现状以及课程改革需要，组织编写了本套"公共课程和专业基础课程学习指导"系列教材。

　　为了保证本套教材的编写质量，我校专门成立了由护理、助产、药剂等专业带头人、行业专家和骨干教师等组成的教材编写委员会，负责该系列教材的开发设计和编写实施工作。

　　本套教材现阶段共出版八本，其中公共课程类三本，专业基础课程类五本。为了方便学生学习和教师教学参考使用，本套教材在章（节）编排上，力求与该学科所使用教材的章（节）编排一致。书中各章（节）内容由四部分组成：第一部分为"知识要点"，以教学大纲为指导，以各专业执业资格考试考纲为依据，对每一章的重点内容及难点问题进行归纳、总结和提炼，以利于学生全面、系统、重点突出地掌握本章节的基本理论、基本知识、基本技能；第二部分为"课前预习"，一般包括基础复习和预习目标两个部分，利于在教师指导下，学生有目的地复习和预习，达成巩固旧知识、学习新知识的目标；第三部分为"课后巩固"，采用名词解释、填空题、判断题等形式，进一步强化对本章（节）知识要点的理解和记忆；第四部分为"综合练习"，该部分以 A1 型选择题，尤其以 A2、A3/A4 型题为主，训练学生所学知识的综合应用能力。其中，A1 型选择题根据国家职业资格考试中心规定的试题要求编写，坚持教学实用的原则，使学生能灵活运用所学知识，更好地适应执业资格考试。

本"学习指导"系列教材作为该学科所使用教材的配套教材，在内容上与教材同步，具有指导教师教学和辅导学生课前、课后学习的功能，能更好地引导学生自主学习，逐渐推进"翻转课堂"等现代职业教育理念的实际应用。本配套教材作为教材的补充，适用于职业教育医药卫生类专业学生在校期间的同步学习，也可作为毕业生迎接执业资格考试的辅导资料。教师在使用时，可根据教学进度，布置课前预习，完成预习目标，达成前提诊断；新课教学后，学生根据知识要点，查漏补缺，完成课后巩固，加深记忆；在此基础上，教师指导学生完成综合练习，启发思路，提高分析问题、解决问题的综合能力。

本套教材在编写过程中，参考了大量国内外的相关书籍和文献资料，在此向相关作者致以谢意。另外，本系列教材的出版得到了西南交通大学出版社的大力支持和帮助，在此也深表感谢。

在本套教材的编写过程中，全体编写人员以高度负责的态度，克服了许多困难，对书稿内容反复推敲、仔细斟酌、严格把关。但因经验不足，时间仓促，谬误之处在所难免。若有关师生在使用过程中发现问题，恳请提出宝贵意见和建议，以冀再版加以改进与完善。

2016 年 8 月　四川·内江

目 录

上篇　医学生物学

下篇　生物化学

上 篇

医学生物学

第十

学生学习

第一章　绪　论

【知识要点】

一、生物学的定义及分科

生物学是研究生物体生命现象的本质，探讨其发生、发展及规律的一门科学，也称为生命科学。

二、生命的基本特征

1. 化学成分的同一性：

(1) 构成元素相同：组成生物体的基本元素都由 C、H、O、N、P、S、Cl、Ca、Na、K、Mg、Fe、Cu、Zn、I、Sr、F、Ba、Co 等构成的。

(2) 分子成分相同：生物体所含的水、无机盐等无机化合物和糖类、脂类、氨基酸等有机化合物，在各种生物中都是相同或基本相同的，组成生物大分子蛋白质和核酸的基本单位也都相同。

(3) 遗传物质都是核酸：大部分生物体的遗传物质都是脱氧核糖核酸（DNA），有的是核糖核酸（RNA），且各种生物的遗传密码是通用的。

(4) 酶的成分及储存能量的物质也相同：各种生物催化体内代谢反应的物质都是酶，其化学本质是蛋白质，且都以 ATP（或 GTP）作为储能分子。

2. 组成单位的相似性：除病毒外，各种生物体组成的基本单位都是细胞。细胞是一切生命有机体的结构和功能活动的基本单位。

3. 新陈代谢：生物体总是要与外界环境进行物质和能量的交换。一些物质被吸收，转换成自身的物质，储存能量；一些物质被分解排出体外，释放能量，以此不断地得以自我更新，这就是新陈代谢。新陈代谢包括同化作用和异化作用两个方面。

4. 应激性：生物体对外界刺激能发生相应反应的能力，称为应激性。

5. 生长和发育：所有生物体都能通过代谢过程而生长和发育，当生物体的同化作用大于异化作用时，其表现出体积增大的现象，称为生长；在生长的基础上，生物体的结构和功能从简单到复杂的变化过程，称为发育。

6. 繁殖：当生物体长到一定大小和程度时，能够产生和自身相似的新个体的现象，称为繁殖。

7. 遗传与变异：生物体通过繁殖过程，把它们的特性传给后代，生物体子代和亲代相似的现象称为遗传。生物体子代和亲代之间、子代个体之间的差异称为变异。由于遗传和变异的相互作用，使其生命在发展的历史长河中，就会由简单到复杂不断变化，从而构成了生物的进化。

8. 适应性：生物体总是保持着对环境的适应性，这样才能生存和延续。适应既包括生物体的结构和功能要适合一定的环境条件，也包括生物体的结构适应于生物体的功能。

以上是生命与非生命的根本区别，是生物所具有的共同属性，具有以上共同特征的物质存在形式就是生命。

【课前预习】

一、基础复习

1. 生物学、医学生物学、生物学分类。

2. 生命的基本特征。

二、预习目标

1. 新陈代谢是指：_____，_____，

_____。

2. 生物体子代和亲代相似的现象称为_____；生物体子代和亲代之间、子代个体之间的差异称为_____。

【课后巩固】

一、名词解释

新陈代谢　应激性　生长　发育　繁殖　遗传　变异

二、填空题

1. 新陈代谢包括_____作用和_____作用两个相反的过程。

2. 植物茎尖的向光生长、动物神经系统的反射活动等，都是_____的表现。

3. 生物体子代和亲代相似的现象称为_____；生物体子代和亲代之间、子代个体之间的差异称为_____。

4. 当生物体的同化作用大于异化作用时，生物体表现出体积增大的现象称为_____；在此基础上，生物体的结构和功能从简单到复杂的变化过程称为_____。

5. 根据豌豆杂交实验的结果，第一个提出了遗传的基本规律，被称为遗传学的奠基人是_____。

6. 英国的生物学家_____在《物种起源》一书中，提出了以自然选择为中心的生物进化理论。

（游振伟）

第二章　生命的物质基础

【知识要点】

一、生物界与非生物界的关系

原生质是指组成细胞的所有生活物质的统称。它是生命活动的物质基础。

组成原生质的化学元素在非生物界中均能找到，没有一种元素为生物所特有，这说明生命的物质基础来源于非生命物质。然而，组成生命物质的化学元素在生物体内是以特定的方式结合起来，构成复杂的生命物质体系。这种复杂的物质体系在非生物界不存在，因此生物与非生物又存在着根本的区别。

二、蛋白质的组成、结构与功能

蛋白质是一切生命活动的体现者。

1. 构成蛋白质的基本单位是氨基酸。组成蛋白质的氨基酸有 20 种。

2. 氨基酸彼此之间通过肽键依次连接形成多肽链。多肽链是蛋白质分子的基本结构，只有当多肽链自身经过螺旋、折叠、盘曲等一系列复杂的变化，形成具有特定空间结构的蛋白质，才具有生物学功能。每种蛋白质的氨基酸种类、数量成百上千，排列顺序变化多样，使蛋白质表现出各自特异性的区别，从而构成种类繁多的蛋白质。蛋白质种类的多样性和结构的复杂性，则是生物种类多样性和生命现象复杂性的物质基础。

3. 蛋白质分子结构的复杂性决定了它在生命活动过程中的重要性，主要表现在：① 结构和支持作用；② 催化作用；③ 调节作用；④ 运输作用；⑤ 防御作用；⑥ 运动功能。

三、酶的概念和催化特性

1. 酶是由生物活细胞合成的、具有特定催化效能的一类特殊蛋白质，是机体内催化各种代谢反应最主要的催化剂。

2. 酶作为生物催化剂，除了具有一般催化剂的特性外，还具有高度的专一性、高度的催化效能和高度的不稳定性。

四、核酸的组成、结构与功能

核酸是一切生命活动的控制者。

核酸的基本组成单位是核苷酸。核酸分为 DNA 和 RNA 两种。

1. DNA 的分子结构有以下几个特点：

(1) DNA 分子由两条方向相反、相互平行的多脱氧核苷酸链围绕一个"理想的中心轴"向右盘旋，形成右双螺旋结构。

(2) 两条链上的碱基通过氢键形成互补碱基对。

(3) 碱基对排列顺序的多样性，决定了 DNA 分子的多样性和复杂性。

2. DNA 复制与转录是 DNA 的两个重要功能，两者之间存在着以下区别：

(1) 复制是以 DNA 分子的两条链为模板，而转录则是以 DNA 分子的一条链为模板。

(2) 复制时所用原料是四种脱氧核苷酸，而转录所用原料是四种核苷酸。

(3) 复制时碱基的配对规律是 A—T、G—C，转录时碱基的配对规律是 A—U、T—A、G—C。

(4) 复制的结果是一个 DNA 形成两个相同的子代 DNA 分子，转录的结果是合成一个 RNA 分子，通过转录，将 DNA 分子中的遗传信息传递给 RNA，通过 RNA 带到细胞质中参与蛋白质的合成。

3. RNA 为单链结构，有 3 种类型：信使 RNA（mRNA）、转运 RNA（tRNA）和核糖体 RNA（rRNA）。这 3 种 RNA 均参与蛋白质的合成。

(1) mRNA 的作用是将 DNA 中转录来的遗传信息带到细胞质中的核糖体上作为模板指导蛋白质合成。

(2) tRNA 的作用是活化转运氨基酸到核糖体的特定部位，进行蛋白质合成。

(3) rRNA 的作用是与核蛋白共同构成核糖体，成为蛋白质合成的场所。

【课前预习】

一、基础复习
新陈代谢的概念。

二、预习目标
1. 蛋白质在生命活动中的重要作用主要表现在＿＿＿＿＿＿＿、＿＿＿＿＿＿＿、＿＿＿＿＿＿＿、＿＿＿＿＿＿＿、＿＿＿＿＿＿＿和＿＿＿＿＿＿＿六个方面。

2. DNA 与 RNA 在化学组成上的区别是：DNA 分子中的戊糖是＿＿＿＿＿＿＿，而 RNA 分子中的戊糖是＿＿＿＿＿＿＿；DNA 分子中的碱基含有＿＿＿＿＿＿＿而无＿＿＿＿＿＿＿，而 RNA 分子中的碱基含有＿＿＿＿＿＿＿而无＿＿＿＿＿＿＿。

【课后巩固】

一、名词解释
原生质　肽键　酶　遗传信息　DNA 复制　DNA 转录　碱基互补配对原则

二、填空题
1. 组成原生质的化学元素中，含量最多的四种是＿＿＿＿、＿＿＿＿、＿＿＿＿、＿＿＿＿。无机化合物有＿＿＿＿、＿＿＿＿，有机化合物有＿＿＿＿、＿＿＿＿、＿＿＿＿和＿＿＿＿

2. 水在原生质中有两种存在状态，即＿＿＿＿＿＿＿和＿＿＿＿＿＿＿。水在生命活动中的生理功能主要有＿＿＿＿＿＿＿、＿＿＿＿＿＿＿、＿＿＿＿＿＿＿、＿＿＿＿＿＿＿。

3. 无机盐在原生质及其周围环境中主要以＿＿＿＿＿＿＿的形式存在。无机盐在生命活动中的生理功能主要有＿＿＿＿＿＿＿、＿＿＿＿＿＿＿、

_____、_____。

4. 组成糖类的化学元素主要有_____、_____、_____。根据糖类的水解情况。可将其分为_____、_____、_____。糖类在生命活动过程中的生理功能主要有_____、_____。

5. 脂类是指_____、_____和_____化合物的总称。脂类的生理功能主要表现在_____、_____、_____、_____、_____等方面。

6. 根据维生素的溶解性不同，可分为_____和_____两大类。

7. 组成蛋白质的基本单位是_____，共有_____种。

8. 组成 DNA 的基本单位是_____。由_____、_____和_____三部分组成。

9. 双螺旋结构是用来描述_____的空间结构的。它是由两条相互平行、方向相反的_____链围绕中心轴右旋形成的。外侧为_____和_____，内侧为_____。两条链上的碱基通过_____连接起来，形成碱基对。

👨‍🏫【综合练习】

A1 型题

1. 细胞中的主要能源物质是
   - A．糖类　　　　B．脂肪
   - C．蛋白质　　　D．类脂
   - E．核酸

2. 生物体形态结构的物质基础是
   - A．糖类　　　　B．脂类
   - C．蛋白质　　　D．核酸
   - E．维生素

3. 与蛋白质结构多样性无关的是
   - A．构成蛋白质的多肽链的数目
   - B．多肽链的空间结构
   - C．多肽链中氨基酸的种类和数目
   - D．多肽链中氨基酸的排列顺序
   - E．氨基酸至少含有一个氨基和一个羧基

4. 一般来说，酶的化学本质是
   - A．糖类　　　　B．脂类
   - C．蛋白质　　　D．核酸
   - E．维生素

5. 下列关于蛋白质的叙述，正确的是
   - A．蛋白质都构成细胞
   - B．蛋白质的基本组成单位都是氨基酸
   - C．蛋白质的分子结构都相同
   - D．蛋白质都是酶
   - E．蛋白质是细胞的主要能源物质

6. 下列关于酶的叙述，不正确的是
   - A．绝大多数酶是蛋白质
   - B．酶的催化效率很高
   - C．酶对催化的底物有严格的选择性
   - D．酶的催化效率随温度的升高而增高
   - E．含量少，种类多

7. 组成核苷酸的糖分子是
   - A．葡萄糖　　　B．半乳糖
   - C．戊糖　　　　D．蔗糖
   - E．麦芽糖

8. DNA 和 RNA 共有的嘧啶碱是
   - A．A　　　　　B．G
   - C．C　　　　　D．T
   - E．U

9. 下列哪种碱基不是构成 DNA 分子的成分
   - A．A　　　　　B．G
   - C．C　　　　　D．T
   - E．U

10. 下列不是生物大分子的物质是
　　A．蛋白质　　　　B．DNA
　　C．RNA　　　　　D．酶
　　E．维生素

11. DNA 的组成成分是
　　A．脱氧核糖、碱基、磷酸
　　B．脱氧核糖、磷酸、核酸
　　C．核糖、碱基、磷酸
　　D．核糖、氨基、磷酸
　　E．核糖、羧基、磷酸

12. 遗传信息是指 DNA 分子中
　　A．脱氧核糖的含量与分布
　　B．碱基互补配对的种类
　　C．A—T 对与 G—C 对的数量比
　　D．碱基对的数量
　　E．碱基对的排列顺序

13. 一个 mRNA 片段中的碱基顺序是
　　5′AAACAGAUUUAU3′，它的模板链的
　　碱基顺序应当是
　　A．5′TTTGTCTAAATA3′
　　B．3′UUUGUCUAAAUA5′
　　C．3′TTTGTCTAAATA5′
　　D．5′UUUGUCUAAAUA3′
　　E．3′AAACAGAUUUAU5′

14. 在真核细胞中，RNA 的分布是
　　A．只存在于细胞核中
　　B．只存在于细胞质中
　　C．主要存在于细胞质中
　　D．主要存在于细胞核中

E．细胞核与细胞质中分布大致均等

15. DNA 在真核细胞中的分布是
　　A．只存在于细胞核中
　　B．只存在于细胞质中
　　C．主要存在于细胞质中
　　D．主要存在于细胞核中
　　E．细胞核与细胞质中分布大致均等

16. 关于 tRNA 的结构与功能，以下描述错误
　　的是
　　A．在细胞中占三种 RNA 总量的 5%～
　　　　10%，每个分子含 70～80 个单核苷酸
　　B．整个分子呈"三叶草"形，柄部和
　　　　基部可呈双螺旋结构
　　C．在反密码环末端有 CCA 三个碱基，
　　　　是活化氨基酸的连接位置
　　D．在蛋白质合成过程中，将氨基酸转
　　　　运到核糖体的特定位置上
　　E．一种 tRNA 只能识别和转运一种氨
　　　　基酸

17. mRNA 的功能是
　　A．提供蛋白质合成的场所
　　B．作为供能物质
　　C．转运氨基酸
　　D．起酶的作用
　　E．作为蛋白质合成的指令

18. 组成核酸的常见碱基有
　　A．2 种　　　　　B．3 种
　　C．4 种　　　　　D．5 种
　　E．20 种

（游振伟）

第三章 生命的基本单位 ——细胞

【知识要点】

一、细胞是生物体形态结构与生命活动的基本单位

地球上的生物除病毒外，都是由细胞构成的，细胞是生物体形态结构和生命活动的基本单位。

1. 原核生物：由原核细胞构成的生物，称为原核生物。原核细胞体积较小、结构简单，细胞膜外有细胞壁，没有典型的细胞核，只有一个含有 DNA 的区域，称为类核或拟核，DNA 分子环状、裸露，没有膜相结构的细胞器，只有核糖体、中间体和糖原颗粒、脂肪颗粒等一些内含物。

2. 真核生物：由真核细胞构成的生物，称为真核生物。真核细胞最明显的特征是具有由核膜包围的细胞核。电镜下真核细胞的结构分为膜相结构和非膜相结构。膜相结构指包括细胞膜在内的所有由生物膜所组成的结构，如内质网、高尔基复合体、溶酶体、过氧化物酶体、线粒体和核膜等。非膜相结构指没有被生物膜包被的结构，如核糖体、中心体、微管、微丝、中间纤维和细胞质基质。

二、细胞膜

细胞膜又称质膜，呈现典型的"两暗夹一明"的单位膜结构。真核细胞内，由膜组成的结构称为内膜系统，细胞膜和细胞内膜系统具有相同的结构特征，统称为生物膜。

1. 细胞膜的化学组成主要是膜脂、膜蛋白及膜糖类，此外还有水、无机盐和少量的金属离子。不同种类细胞的生物膜化学成分的比例有差异。

2. 流动镶嵌模型认为，具有一定流动性的脂质双分子层构成了细胞膜的基本骨架，脂质分子是双亲性分子，有亲水的极性头部和疏水的非极性尾部。膜中球形的蛋白质分子以各种形式与类脂双分子层结合。有的附着在膜的内外表面的表面蛋白，有的部分嵌入膜中或贯穿全膜的镶嵌蛋白。

3. 细胞膜具有流动性和不对称性两大特征。

4. 细胞膜的功能：

细胞膜最基本的功能是分隔膜内外物质，在此基础上细胞膜还具有以下功能：

(1) 细胞膜的物质运输功能：

① 小分子物质的跨膜运输：分为被动运输和主动运输。被动运输是指不需要消耗代谢能，物质分子由浓度高的一侧经过细胞膜向浓度低的一侧运输的过程。根据是否需要载体帮助又分为简单扩散（又称单纯扩散）和易化扩散（又称协助扩散）。主动运输是指位于细胞膜上的载体蛋白，通过消耗代谢能，逆物质分子的浓度梯度，将物质分子从低浓度一侧向高浓度一侧转运的运输方式。

② 大分子的膜泡运输：需要消耗代谢能，属于主动运输。胞吞作用是指不能直接通过细胞膜的细菌、病毒、生物大分子颗粒等从细胞外转运至细胞内的过程。根据入胞物质的性质及分子量的大小，将胞吞作用分为吞噬作用和吞饮作用两种类型。胞吐作用又称出胞作用，指细胞内合成的大分子物质或代谢物排出细胞的运输方式。

(2) 细胞膜抗原具有免疫作用：细胞膜表面有抗原性质的大分子，能够刺激机体免疫细胞产生相应的抗体。

(3) 细胞膜受体与信息传递功能：细胞膜受体能够和环境中的活性物质结合，产生某种生理效应。凡是能与受体结合并产生效应的物质统称为配体，如激素、神经递质、药物等。

三、细胞质

1. 内质网：由一层单位膜围成的小管、小泡及扁囊构成的立体网状结构。根据内质网膜外表面是否有核糖体附着，可将其分为粗面内质网和滑面内质网两种类型。粗面内质网的主要功能是外输性蛋白质的合成、修饰、加工、分选和转运；滑面内质网具有脂类的合成与代谢、糖原的合成与分解、胃酸和胆汁的合成与分泌、细胞的解毒作用等功能。

2. 高尔基复合体：单层单位膜包被，由小囊泡、扁平囊和大囊泡三个部分组成。主要功能是将由内质网合成并转运来的分泌蛋白进行加工、修饰、浓缩、分选，然后运输出胞。特别是参与糖蛋白的合成与修饰，此外，还参与膜转化的功能。

3. 溶酶体：圆形或卵圆形，由一层单位膜包被，内含 60 多种酸性水解酶，能将蛋白质、脂类、多糖、核酸等物质水解成可被细胞利用的小分子物质，为细胞的代谢提供原料。根据其功能状态不同，分为初级溶酶体、次级溶酶体和三级溶酶体（残质体）。溶酶体的功能是消化作用，能消化分解摄入细胞内的各种物质和细胞内衰老、损伤的细胞器，参与机体的某些生理活动和发育过程，还和机体的防御与免疫、激素的合成与释放、卵细胞与精子受精等过程有关。

4. 过氧化物酶体：圆形或卵圆形，由单层单位膜包裹，内含 40 多种氧化酶。标志酶是过氧化氢酶。氧化酶能催化多种物质生成 H_2O_2，过氧化氢酶能将 H_2O_2 分解成 H_2O 和 O_2，对细胞有保护作用。

5. 线粒体：由两层单位膜包被，外膜表面平整光滑，内膜向内突起形成片状或管状的嵴，嵴上附着许多基粒，基质中含有 DNA、RNA、核糖体、蛋白质、酶、脂类等。线粒体是细胞进行有氧呼吸和供能的中心，可将细胞内的能源物质彻底氧化分解，为细胞的生命活动提供直接能量 ATP。线粒体内含有少量的遗传物质 DNA，能合成自身的蛋白质，具有一定的遗传自主性，但是必须依赖细胞核，因此称为半自主性细胞器。

6. 核糖体：由 rRNA 和蛋白质组成的非膜相结构细胞器，存在于所有细胞的细胞质和真核细胞的线粒体中。核糖体呈圆形或椭圆形，由大亚基和小亚基两个亚单位构成，是蛋白质合成的场所。附着核糖体主要合成分泌蛋白和膜蛋白等；游离核糖体主要合成结构蛋白质。

7. 中心体：存在于动物细胞和低等植物细胞中，由两个相互垂直排列的中心粒组成。主要功能是作为微管组织中心，与微管蛋白的合成和微管的聚合有关，在细胞的有丝分裂时形成纺锤丝，参与鞭毛和纤毛的形成，可为细胞运动和染色体移动提供能量。

8. 细胞骨架：

(1) 微管：由微管蛋白组成的中空的圆柱状结构，由 13 条原纤维纵向围绕而成。在细胞中，微管有单管微管、二联管微管、三联管微管三种存在形式。其主要功能是：① 支持和维持细胞的形态；② 参与细胞运动和细胞分裂；③ 参与细胞内物质运输；④ 与中心粒和鞭毛、纤毛的形成有关；⑤ 维持细胞器的定位和分布；⑥ 参与细胞的信号转导。

(2) 微丝：主要由肌动蛋白组成的实心纤维结构，直径 5~9 nm。一般集中在细胞膜的内侧。其主要功能是：① 与微管共同构成细胞的支架，维持细胞的形状；② 参与细胞运动；③ 参与细胞内信号的传递以及作为蛋白质合成的支架；④ 参与细胞分裂；⑤ 参与肌肉收缩；⑥ 参与细胞内的物质运输。

(3) 中间纤维：中空管状结构，直径 10 nm，介于微管和微丝之间。其主要功能是：① 在细胞质内形成一个完整的网状骨架系统，起结构支架作用，与细胞器特别是细胞核的定位有关；② 参与物质运输和信息传递；③ 细胞分裂时，对纺锤体与染色体起空间定向支架作用，负责子细胞中细胞器的分配与定位；④ 参与细胞连接；⑤ 参与细胞分化；⑥ 还可能与 DNA 的复制和转录有关。

9. 细胞质基质：指细胞质中除各种细胞器和内含物以外的较为均质的、半透明胶体状物质。其主要功能是：① 为各种细胞器维持正常结构提供适宜的环境；② 为各种细胞器完成功能活动提供必需的底物；③ 是蛋白质、脂肪等合成和代谢的场所。

四、细胞核

细胞核是细胞的重要结构，是遗传物质 DNA 储存、复制和转录的场所，也是细胞代谢、生长、分化、生殖、遗传和变异的调控中心。细胞核的形态、大小、数量及在细胞质中的位置，因细胞类型的不同而异。间期核包括核膜、核仁、染色质和核基质四部分。

1. 核膜：由两层单位膜构成，外核膜与粗面内质网膜相连，外表面有核糖体附着。内核膜表面无核糖体附着，内核膜下有由纤维蛋白网组成的核纤层。核孔复合体对通过的物质有高度的选择性。

2. 核仁：主要由核仁相随染色质、纤维成分、颗粒成分、核仁基质四部分组成。核仁的主要功能是合成 rRNA 和装配核糖体的大、小亚基（核糖体前体），控制蛋白质的合成速率。

在细胞周期中，核仁的结构和功能随着细胞的周期性变化而发生的周期性改变称为核仁周期。在细胞间期，核仁大而明显，细胞进入分裂前期，核仁逐渐变小直至消失。细胞分裂期末，核仁重新出现。

3. 染色质和染色体：是同一种物质在细胞周期不同时期的两种表现形式。

(1) 染色质：主要化学成分是 DNA、组蛋白、非组蛋白和少量 RNA。基本结构单位是核小体。由染色质到染色体，经历了核小体、螺线管、超螺线管和染色单体四个阶段。DNA 分子通过四级包装过程，长度压缩为原来的 1/8 400~1/10 000。

根据染色质形态和功能的不同，分为常染色质和异染色质两种类型。常染色质是对碱性染料着色较浅，螺旋化程度较低，处于伸展状态，能活跃地进行复制与转录，积极参与 RNA 及蛋白质的合成，控制着细胞的代谢活动的染色质。异染色质对碱性染料着色较深，螺旋化程度高，功能很不活跃，很少进行转录的染色质，故又称为凝聚染色质。常染色质和异染色质在一定条件下可以互相转换。

(2) 染色体：不同物种染色体的数目不同，同一物种染色体的数目恒定，人类为二倍体生物，体细胞中有 46 条染色体，成对存在，记为 2n。在生殖细胞中，染色体数目是体细胞的一半，为 23 条，记为 n。

4. 核基质：是间期核中除核膜、染色质和核仁以外的不着色或着色很浅的部分。近年来发现，核基质中存在着由纤维蛋白组成的精密的网架系统，称为核骨架。核基质的功能是维持细胞核的形态结构，参与 DNA 的复制和转录，参与 DNA 包装和染色体构建。

五、细胞的增殖方式

生物界的细胞分裂有无丝分裂、有丝分裂、减数分裂三种方式。

1. 无丝分裂：主要发生在原核细胞的增殖过程中。分裂期细胞拉长，细胞膜内陷，细胞直接缢缩成两个子细胞，没有染色体和纺锤丝出现。

2. 有丝分裂：是真核生物细胞增殖的主要方式。分裂过程分为前期、中期、后期和末期四个时期。各个时期的主要特征如下：

(1) 前期：① 染色质逐步压缩形成染色体；② 纺锤体形成；③ 核仁消失，核膜解体。

(2) 中期：染色体排列于赤道面上，形成赤道板。

(3) 后期：每条染色体的 2 条姐妹染色单体分开，形成 2 条子染色体向两极移动。

(4) 末期：① 两组子染色体到达两极，染色体解旋成为染色质；② 核膜、核仁重新出现；③ 胞质分裂，形成两个子细胞，且子细胞内的染色体数目与母细胞相同。

3. 减数分裂：是高等生物在有性生殖的过程中生殖细胞（精子和卵子）形成时所进行的一种特殊的有丝分裂。细胞的 DNA 复制一次，细胞连续分裂二次，形成的子细胞染色体数目减少一半。

(1) 减数第一分裂：全过程主要贯穿同源染色体的行为变化。

· 前期 I：分成细线期、偶线期、粗线期、双线期和终变期。

· 细线期：染色体细长如丝状，每条染色体含 2 条染色单体。

· 偶线期：同源染色体配对，形成二价体。

· 粗线期：染色体进一步压缩，变得短粗，非姐妹染色单体之间发生交叉、互换。

· 双线期：染色体进一步变短、变粗，联会复合体解体，二价体开始交叉端化。

· 终变期：染色体的长度缩到最短，核仁消失，核膜解体，纺锤体形成。

· 中期 I：同源染色体以二价体形式排列在赤道面上。

· 后期 I：同源染色体彼此分开，分别移向两极。

· 末期 I：到达两极的染色体逐渐解旋变成染色质，核仁、核膜出现，细胞质分裂，形成两个子细胞。子细胞内的染色体数目减少一半。

(2) 减数第二分裂：全过程主要贯穿染色体的行为变化，过程同有丝分裂。经过减数分裂，最后形成 4 个子细胞，每个子细胞内只有原来母细胞的一半，即 23 条染色体。

4. 生殖细胞的发生：

(1) 精子发生　睾丸中的精原细胞（体细胞）经历 4 个时期发育而成。

· 增殖期：睾丸曲细精管上皮中的精细胞（2n=46）进行有丝分裂。

· 生长期：精原细胞生长，成为初级精母细胞（2n=46）。

· 成熟期：初级精母细胞经减数分裂形成 4 个精细胞（n=23）。

· 变形期：精细胞发生形态改变，成为成熟精子（n=23）。

(2) 卵子发生：卵原细胞（体细胞）经历 3 个时期发育而成。

· 增殖期：在胚胎期 6 个月左右，女性卵巢中形成 400 万 ~ 500 万个卵原细胞（2n=46）。

· 生长期：部分卵原细胞进入生长期，成为初级卵母细胞（2n=46）。

· 成熟期：初级卵母细胞进行减数分裂，停止在前期 I。性成熟后减数分裂 I 继续进行，最后形成 1 个卵细胞（n=23）和 3 个第二极体（n=23）。

六、细胞增殖周期

1. 细胞增殖周期：是指连续分裂的细胞从上一次有丝分裂结束，到下一次有丝分裂结束所经历的全过程。细胞周期可分为四个时期：DNA 合成前期（G_1 期）、DNA 合成期（S 期）、DNA 合成后期（G_2 期）和细胞分裂期（M 期）。一般而言，G_1 期时间最长，S 期时间次之，M 期所需时间最短，而且 S 期、G_2 期、M 期的时间变化较小。

2. 细胞周期各时期的特点：

(1) G_1 期是从上一次细胞分裂结束到 DNA 合成开始前的细胞生长、发育时期。该期主要进行 RNA 及蛋白质的合成，是细胞周期能否完成的关键时期。

(2) S 期是从 DNA 合成开始到 DNA 合成终止的时期。该期最主要特征就是 DNA 复制，合成组蛋白及与 DNA 复制相关的酶等。

(3) G_2 期是从 DNA 合成结束到细胞分裂开始前的阶段，主要特征是为细胞分裂进行物质准备，合成少量的 RNA 和蛋白质。

(4) M 期即有丝分裂期。

七、细胞分化与细胞衰老、死亡

1. 细胞分化：指多细胞生物体内同一来源的细胞经过细胞分裂产生的形态结构、生理功能和生物化学特性方面具有稳定差异的过程。

(1) 细胞分化具有稳定性、可逆性、时空性、普遍性的特点。细胞分化的本质是基因的选择性表达。

(2) 在细胞分化过程中细胞核起主导作用，受精卵细胞质对细胞的分化方向具有决定作用，细胞质对细胞核基因的表达具有调节、控制作用。

2. 细胞衰老：指细胞在正常环境条件下发生的生理功能和增殖能力减弱以及形态发生改变、趋向死亡过程的现象。

(1) 细胞衰老的特点是：细胞内水分减少，体积变小；细胞内色素颗粒增多；细胞膜产生衰老变化；细胞核产生退行性变化，导致 DNA 复制、转录能力逐渐降低甚至停止，mRNA、核糖体、蛋白质的合成能力下降，酶含量降低或失活；细胞器产生改变等。

(2) 细胞衰老可导致器官老化，引发老年痴呆、动脉粥样硬化、高血压、糖尿病、帕金森综合征等老年性疾病。

3. 细胞死亡：是细胞衰老的最终结果，是细胞生命现象不可逆的停止。细胞死亡具有两种类型：

(1) 细胞坏死：指病理条件下细胞死亡的过程。细胞坏死以后，细胞膜破裂，线粒体肿胀，溶酶体膜破裂，细胞内容物流出，引起周围组织产生炎症反应并对其他细胞产生破坏作用。

(2) 细胞凋亡：指细胞在一定的生理或病理条件下，为维持内环境稳定，由基因控制的细胞自主而有序自我消亡的方式。细胞凋亡形成凋亡小体，不引起炎症反应，不影响周围细胞，不破坏组织结构。

八、干细胞

1. 干细胞是指存在于胚胎组织、骨髓和其他组织内未分化的、具有自我更新、高度繁殖能力，并在一定条件下能够分化成一种以上细胞的多潜能细胞。干细胞的形态结构与胚胎细胞相似，一般为圆形或椭圆形，体积较小，核质比较大。分为胚胎干细胞和成体干细胞两类。

2. 干细胞的增殖具有速度缓慢和增殖系统具有自稳定性的特征。干细胞的分化分为单能干细胞、多能干细胞和全能干细胞三种。

【课前预习】

一、基础复习

1. 蛋白质的结构及功能。
2. DNA 的结构及 DNA 自我复制。

二、预习目标

1. 染色质的主要成分是＿＿＿＿＿＿＿、＿＿＿＿＿＿＿、＿＿＿＿＿＿＿和＿＿＿＿＿＿，其基本结构单位是＿＿＿＿＿＿＿＿＿＿＿。

2. 减数分裂是＿＿＿＿＿＿＿＿细胞形成过程中特有的分裂方式。其中前期 I 最为复杂，根据染色体的变化情况可以将其分为＿＿＿＿＿＿＿、＿＿＿＿＿＿＿、＿＿＿＿＿＿＿、＿＿＿＿＿＿＿和＿＿＿＿＿＿＿五个时期。

【课后巩固】

一、名词解释

细胞膜　生物膜　细胞膜受体　被动运输　主动运输　简单扩散　易化扩散
胞吞作用　胞吐作用　自溶作用　染色质　核小体　染色体　常染色质　异染色质
细胞增殖周期　同源染色体　联会　细胞分化　细胞全能性　细胞衰老　细胞凋亡
干细胞

二、填空题

1. 真核细胞出现的关键是＿＿＿＿＿＿＿＿＿＿＿＿＿＿＿＿＿的形成。

2. 细胞膜的化学成分主要是＿＿＿＿＿＿＿、＿＿＿＿＿＿＿和＿＿＿＿＿＿。还含有＿＿＿＿＿＿、＿＿＿＿＿＿和少量的＿＿＿＿＿＿＿。

3. 脂类分子在构成脂质双分子层时，其＿＿＿＿＿＿＿＿＿＿在＿＿＿＿＿＿＿，而＿＿＿＿＿＿＿＿＿朝向＿＿＿＿＿＿＿。

4. 膜蛋白可分为＿＿＿＿＿＿＿＿＿和＿＿＿＿＿＿＿＿两类。膜糖类可分为＿＿＿＿＿＿＿、＿＿＿＿＿＿＿两类。

5. 物质通过不同形式出入细胞，其中 O_2、CO_2 分子通过＿＿＿＿＿＿＿＿方式，葡萄糖、氨基酸通过＿＿＿＿＿＿＿方式，Na^+、K^+ 离子通过＿＿＿＿＿＿＿＿方式出入细胞膜。

6. 小分子物质的跨膜运输方式分为＿＿＿＿＿＿＿＿和＿＿＿＿＿＿＿＿两类。简单扩散属于＿＿＿＿＿＿＿，易化扩散属于＿＿＿＿＿＿＿，Na^+-K^+ 泵属于＿＿＿＿＿＿＿。

7. 细胞排出大分子物质的过程称为_____，摄入大分子物质的过程称为_____。

8. 目前公认的细胞膜结构模型是_____，该模型认为细胞膜具有_____和_____的特性。

9. 易化扩散所依赖的特异蛋白称为_____，其中运送分子的蛋白质称为_____，运送离子的蛋白质称为_____。

10. 细胞中的受体可分为_____和_____，能与受体特异结合的物质称为_____。

11. 内质网分为_____和_____两大类，前者的特性为膜的外表面附着大量的_____，后者的特性为膜表面_____。肝细胞和胰腺细胞内_____内质网丰富，睾丸间质细胞中_____内质网丰富。

12. 电镜下，高尔基复合体是由一层单位膜围成的结构，包括_____、_____和_____三部分。扁平囊朝向细胞核的凸面一侧称为_____，朝向质膜的凹面一侧称为_____。高尔基复合体通常是一种_____结构。

13. 溶酶体由_____层单位膜包被，内含 60 多种酸性水解酶，溶酶体内的酶来自于_____，溶酶体的膜来自于_____。

14. 过氧化物酶体由_____层单位膜包被，内含_____种_____酶，其中标志酶是_____。

15. 电镜下线粒体是由_____层单位膜包围的_____结构，是细胞进行_____和_____的场所。因为线粒体中有_____，能合成自身的_____，所以有遗传自主性，但是，其生存和执行功能还必须依赖_____，因此称其为_____性细胞器。

16. 中心粒是由_____构成的非膜相结构细胞器，每个中心粒由_____组_____微管组成，功能与细胞的_____、_____和_____有关。

17. 细胞骨架包括_____、_____和_____。主要成分是_____。

18. 核膜由_____层单位膜构成，分别称为_____和_____，核膜外表面常附着_____，在结构上与_____相连。

19. 核仁出现在_____期细胞核内。核仁结构由_____、_____、_____和_____组成。

20. 核糖体的主要化学成分是_____和_____，核糖体的大小亚基在_____合成，通过_____进入细胞质参与蛋白质的合成。

21. 间期核的结构包括_____、_____、_____、_____四部分。细胞核的主要功能是_____和_____的基地，控制着细胞的_____、_____、_____和_____等活动。

22. 在间期细胞核中的常染色质一般位于_____，对碱性染料着色_____，结构处于_____状态，功能上_____；而异染色质一般位于_____，对碱性染料着色_____，结构处于_____状态，功能上很不_____、很少进行_____。

23. 细胞增殖方式有_____、_____和_____三种。人类体细胞增殖的主要方式是_____。

24. 细胞周期分为_____、_____、_____、_____四个时期。DNA 的合成发生在_____期，观察染色体的最好时期是_____。

25. 第一次减数分裂过程中_____分离，第二次减数分裂过程中_____分离。

26. 同源染色体配对称为_____，发生在_____期，形成的结构称为_____。

27. 10 个初级精母细胞经过减数分裂可以形成_____个精子，其中含 X 的精子有_____个，含 Y 的精子有_____个；10 个初级卵母细胞经过减数分裂，能形成_____个卵细胞和_____个第二极体，卵细胞中性染色体有_____种，是_____染色体。

28. 在有丝分裂过程中，DNA 复制_____次，细胞分裂_____次，一个母细胞形成_____个子细胞，子细胞内的染色体数与母细胞_____。而在减数分裂过程中，DNA 复制_____次，细胞连续分裂_____次，一个母细胞形成_____个子细胞，子细胞内的染色体数是母细胞的_____。

29. 细胞分化具有_____、_____、_____和_____的特点。

30. 细胞分化的实质是_____。细胞分化的普遍规律是由细胞的_____逐渐局限为多能性，最后成为稳定的_____。

31. 细胞凋亡是细胞在_____控制下的一种_____死亡的过程，能够产生_____，所以不能引起_____。

32. 一个干细胞分裂后产生两个新细胞，一个仍为_____，能继续分裂，另一个则成为_____，不能继续分裂而成为终末分化细胞。

【综合练习】

A1 型题

1. 原始非细胞生命演化为细胞生物的关键是出现
   A. 细胞壁　　　　　B. 细胞膜
   C. 细胞核　　　　　D. 细胞器
   E. 核糖体

2. 人体形态结构和生命活动的基本单位是
   A. 个体　　　　　　B. 组织
   C. 系统　　　　　　D. 器官
   E. 细胞

3. 目前发现的最小的细胞是
   A. 细菌　　　　　　B. 衣原体
   C. 支原体　　　　　D. 绿藻
   E. 立克次体

4. 真核细胞与原核细胞的最大差异是
   A. 细胞核的大小不同
   B. 细胞核的结构不同
   C. 细胞核的物质不同
   D. 细胞核的位置不同
   E. 有无核膜

5. 原核细胞与真核细胞共有的细胞器是
   A. 细胞骨架　　　　B 线粒体
   C. 高尔基复合体　　D. 中心体
   E. 核糖体

6. 下列哪种细胞器不属于非膜相结构
   A. 核糖体　　　　　B. 中心体
   C. 中间体　　　　　D. 溶酶体
   E. 纺锤体

7. 生物膜的液态流动性主要取决于
   A. 膜蛋白　　　　　B. 膜糖类
   C. 膜脂　　　　　　D. 膜糖蛋白
   E. 膜糖脂

8. 细胞膜进行转运时，消耗代谢能的是

A．被动运输 　　　　B．单纯扩散

C．主动运输 　　　　D．易化扩散

E．以上都不是

9. **细胞膜小分子的主动运输和大分子的膜泡运输的共同特点是**

A．不需要载体帮助运输

B．需要载体帮助运输

C．不消耗代谢能

D．消耗代谢能

E．物质转运过程可引起细胞形态和结构的改变

10. **人体细胞内的遗传信息主要贮存在**

A．DNA 　　　　B．rRNA

C．mRNA 　　　　D．ATP

E．tRNA

11. **由两层单位膜围成的细胞器是**

A．高尔基复合体 　　B．溶酶体

C．线粒体 　　　　D．微体

E．内质网

12. **线粒体中 ADP—ATP 发生在**

A．基质 　　　　B．内膜

C．基粒 　　　　D．嵴膜

E．膜间腔

13. **线粒体嵴来源于**

A．线粒体外膜 　　　B．线粒体内膜

C．线粒体膜间腔 　　D．线粒体基质

E．内、外膜共同形成

14. **细胞的供能中心是**

A．中心体 　　　　B．溶酶体

C．线粒体 　　　　D．高尔基复合体

E．核糖体

15. **位于高尔基复合体成熟面的囊泡称为**

A．小囊泡 　　　　B．大囊泡

C．扁平囊 　　　　D．分泌泡

E．吞噬泡

16. **高尔基复合体的小囊泡来自于**

A．溶酶体 　　　　B．残余小体

C．吞噬体 　　　　D．内质网

E．中心体

17. **高尔基复合体的重要功能是**

A．参与能量代谢

B．参与糖蛋白的合成与修饰

C．参与肌肉收缩

D．合成酶原颗粒及抗原

E．参与脂类代谢、糖原分解及解毒作用

18. **初级溶酶体来源于**

A．粗面内质网与高尔基复合体

B．细胞膜与滑面内质网

C．细胞膜与粗面内质网

D．粗面内质网与线粒体

E．核糖体与高尔基复合体

19. **溶酶体内所含的酶是**

A．碱性水解酶 　　B．中性水解酶

C．酸性水解酶 　　D．氧化磷酸化酶

E．氧化酶

20. **过氧化物酶体的标志酶是**

A．过氧化氢酶 　　B．尿素氧化酶

C．氧化酶 　　　　D．氨基酸氧化酶

E．蛋白水解酶

21. **下列哪种结构不是微管组成的**

A．鞭毛 　　　　B．纤毛

C．中心粒 　　　　D．内质网

E．纺锤丝

22. **微丝中最主要的化学成分是**

A．肌球蛋白 　　　B．肌动蛋白

C．肌钙蛋白 　　　D．动力蛋白

E．肌凝蛋白

23. **对细胞核有固定作用的结构是**

A．微管 　　　　B．微丝

C．中间纤维 　　　D．核骨架

E．内质网

24. **染色质的基本结构单位是**

A．染色单体 　　　B．子染色体

C．核小体 　　　　D．螺线体

E．超螺线体

25. **核仁的主要生物学功能是**

A．合成蛋白质 　　B．合成 mRNA

C．合成 tRNA 　　D．合成 rRNA

E. 合成 DNA

26. 真核生物体细胞增殖的主要方式是
    A. 有丝分裂
    B. 减数分裂
    C. 无丝分裂
    D. 有丝分裂和减数分裂
    E. 无丝分裂和减数分裂

27. 在细胞周期中，DNA 的合成是在
    A. G_0 期   B. G_1 期
    C. S 期   D. G_2 期
    E. M 期

28. 正常配子中的染色体数与体细胞相比
    A. 数目不同   B. 数目相同
    C. 数目减少   D. 数目增多

E. 数目减半

29. 减数分裂过程中只发生一次着丝粒纵裂，它发生在
    A. 前期 I   B. 中期 I
    C. 后期 I   D. 前期 II
    E. 后期 II

30. 在精子形成过程中有丝分裂发生在
    A. 增殖期
    B. 生长期
    C. 成熟期
    D. 变形期
    E. 初级精母细胞形成次级精母细胞的时期

（游振伟）

第四章 生殖与个体发育

【知识要点】

一、生 殖

生物产生与自身相似的新个体的过程称为繁殖，它是生物最基本的特征之一，是生物增加个体数量、保障物种延续和完成进化过程的重要生物学特征。

二、生殖的类型

生物的繁殖有两种方式：无性繁殖和有性繁殖（生殖）。

1. 无性繁殖：是指不发生生殖细胞的结合，由母体直接产生新个体的过程。在无性繁殖过程中，没有遗传物质重组的发生，子代与亲代的遗传信息基本相同，后代对环境的适应能力较差，但由于无性繁殖速度快，产生的新个体多，因而能在自然界中长期存在。无性繁殖常见的类型有分裂繁殖、出芽繁殖、孢子繁殖和营养繁殖等。

2. 有性生殖：是通过两性生殖细胞的结合，发育成新个体的过程。在有性生殖过程中，由于生殖细胞分别来自不同的个体，为遗传物质的重新组合创造了条件，为生物的变异提供了来源，因而也增强了生物对环境的适应能力。常见的有性生殖类型包括同配生殖、异配生殖、卵式生殖和单性生殖等。

三、胚胎发育的过程

胚胎发育：是指受精卵在卵膜内或母体内的发育过程。脊椎动物的胚胎发育都需经过几个共同时期：卵裂期、囊胚期、原肠胚期、神经胚期和器官发生期。

1. 卵裂期：受精卵进行的特殊有丝分裂方式称为卵裂，是一种快速的有丝分裂过程。

2. 囊胚期：由于细胞的不断分裂，将一个受精卵分裂成由许多细胞组成的球体。此时，动物极细胞在不断分裂的同时，开始向外迁移，并沿球体表面排列。这样，在球体的内部形成了一个充满液体的空腔，称囊胚腔，此时的胚胎称为囊胚。

3. 原肠胚期：在囊胚形成以后，胚胎发育进入三个胚层的分化和构建时期，并因原肠形成而定为原肠胚期。原肠胚期是动物发育过程中细胞分化和形态构建剧烈变动的阶段。

4. 神经胚期：原肠胚后期，胚胎逐渐沿纵轴伸长，在胚体背部位于脊索上方的外胚层细胞进行迅速的分裂，形成厚而扁的细胞层，称神经板。从神经板的出现到神经管形成的胚胎，称为神经胚。

5. 器官发生期：器官发生（organo-genesis）是指由内、中、外三个胚层分化发育为胚体各个器官系统的发生过程。

四、影响胚胎发育的因素

高等生物从受精卵开始，经过卵裂、囊胚、原肠胚、神经胚、器官发生等一系列复杂而有序的演变过程，形成生命个体。这一进程表现出严格的时间和空间顺序，这一切不但受遗传物质调控，同时也需要良好的环境条件。若遗传因素异常或环境中某些因素造成干扰，都将引起胚胎发育异常。

影响胚胎发育的因素有：① 环境因素，约占致畸量的10%；② 遗传因素，约占致畸量的25%；③ 综合因素，由环境因素和遗传因素等共同作用，约占致畸量的65%。由此可见，大多数畸形是由综合因素引起的。

【课前预习】

一、基础复习
繁殖、生长发育的概念。

二、预习目标
1. 生物的繁殖方式分为_____、_____两大类型。
2. 原肠胚是胚胎发育中一个非常重要的时期，是胚胎分化为_____、_____和_____三个胚层的时期。

【课后巩固】

一、名词解释
繁殖　　无性繁殖　　有性繁殖（生殖）　　卵式生殖

二、填空题
1. 生物产生与自身相似的新个体的过程称为_____。
2. _____生殖是卵子与精子结合的有性生殖方式，是多细胞生物所特有的一种高级的异配生殖方式。
3. 卵黄的量和分布决定卵裂发生的位置和卵裂球的大小，并使受精卵产生极性。一般原生质集中，含卵黄少的一端为_____，含卵黄多的一端为_____。
4. 由于细胞的不断分裂，将一个受精卵分裂成由许多细胞组成的球体。在球体的内部形成了一个充满液体的空腔，称为_____，此时的胚胎称为_____。
5. 胚胎的发育过程表现出严格的时间和空间顺序，这一切不但要受_____调控，同时也需要良好的_____，影响胚胎发育的因素主要有_____、_____和_____。

【综合练习】

A1 型题

1. 脊椎动物胚胎发育的正确顺序是
   A. 卵裂期→合子→囊胚期→原肠期→神经管→神经板
   B. 合子→囊胚期→卵裂期→原肠胚→神经板→神经管
   C. 合子→卵裂期→囊胚期→原肠胚→神经板→神经管
   D. 原肠胚→囊胚期→合子→卵裂期→神经板→神经管
   E. 囊胚期→卵裂期→合子→原肠胚→神经管→神经板

2. 原肠胚后期，胚胎逐渐沿纵轴伸长，在胚体背部位于脊索上方的外胚层细胞进行迅速的分裂，形成厚而扁的细胞层，这一发育过程属于下列哪一种
   A. 卵裂期　　　　　　B. 原肠胚期
   C. 神经胚期　　　　　D. 囊胚期
   E. 器官发生期

3. 日本水俣病的发生，是胚胎发育过程中受到了下列哪种因素的影响
   A. 遗传因素　　　　　B. 综合因素
   C. 环境因素　　　　　D. 受孕时间
   E. 其他因素

4. 胚胎在不同时期受到致畸因素的影响常会出现不同类型的畸形，如唇的吻合是在受精后的哪一天，在此前若受到刺激即有发生唇、腭裂的可能性
   A. 第 10 天　　　　　B. 第 36 天
   C. 第 90 天　　　　　D. 第 5 个月
   E. 第 100 天

（游振伟）

第五章　遗传的基本规律

【知识要点】

一、几个基本概念的比较

1. 性状类：
- 性状：生物所具有的形态、结构、功能、生理、生化等方面的特征。
- 相对性状：同一性状在同种生物个体间的相对差异。
- 显性性状：在杂合体的后代中表现出来的亲本性状。
- 隐性性状：在杂合体的后代中不表现出来的亲本性状。
- 性状分离：在杂合体的后代中出现不同性状的现象。
2. 基因类：DNA 具有遗传效应的功能片段。
- 等位基因：位于同源染色体上的相同位置、控制同类性状的一对基因，它们决定一对相对性状。
- 显性基因：控制显性性状的基因。
- 隐性基因：控制隐性性状的基因。
- 基因型：控制生物某种性状的基因组成。
3. 个体类：
- 表型：生物体表现出来的性状。
- 纯合体：位于同源染色体相同位点上的一对相同基因的个体。
- 杂合体：位于同源染色体相同位点上的一对不同基因的个体。
4. 交配类：
- 杂交：基因型不同的个体间相互交配的过程。
- 自交：基因型相同的个体间相互交配的过程。
- 测交：用子一代杂合个体与隐性纯合亲本进行杂交，用以测定杂合体基因型的方法。

二、遗传三大定律的比较

见表 5-1。

表 5-1 遗传三大定律的比较

项 目		分离定律	自由组合定律	连锁和互换定律	
研究对象		一对相对性状	两对或两对以上相对性状	两对或两对以上相对性状	
基因位置		一对等位基因位于一对同源染色体上	两对或两对以上等位基因位于不同对的同源染色体上	两对或两对以上等位基因位于一对同源染色体上	
细胞学基础和实质		减数分裂时，随着同源染色体的分离，等位基因也彼此分离	减数分裂时，随着同源染色体的分离，非同源染色体自由组合，非同源染色体上的非等位基因也自由组合	减数分裂时，随着同源染色体的分离，等位基因也发生分离，位于一对同源染色体上的非等位基因连锁或互换	
F1				完全连锁	不完全连锁
	基因对数	1 对	以 2 对为例	以 2 对为例	以 2 对为例
	配子类型及其比例	2 种，1:1	4 种，1:1:1:1	2 种，1:1	4 种，亲组合多、重组合少
	配子组合数	4 种	16 种	2 种	4 种
F2	基因型种类	3 种	9 种	2 种	4 种
	表型种类	2 种	4 种	2 种	4 种
	表型比	3:1	9:3:3:1	1:1	亲组合多重组合少
测交后代	基因种类	2 种	4 种	2 种	4 种
	表型种类	2 种	4 种	2 种	4 种
	表型比	1:1	1:1:1:1	1:1	亲组合多重组合少
三大定律的联系		自由组合定律和连锁互换定律都是以分离定律为基础的，减数分裂中，同源染色体上的等位基因都要按分离定律发生分离。自由组合定律揭示的是两对或两对以上的等位基因位于不同对的同源染色体上的遗传规律，而连锁与互换定律揭示的是两对或两对以上的等位基因位于同一对同源染色体上的遗传规律。两个定律的根本区别是基因在染色体上的位置不同，随着染色体的变化发生了不同的变化，形成了不同的配子			

三、互换率

连锁和互换是生物界普遍存在的现象。凡是位于同一条染色体上的基因，彼此间必然是连锁的，共同构成了一个基因连锁群。细胞中，基因连锁群的数与染色体数相等。在遗传过程中，一般情况下二倍体生物所具有的连锁群数与配子中染色体数或体细胞中染色体对数相等。同一连锁群中各对等位基因可以发生互换而重组，一般用互换率（或重组率）来表示交换的程度。

互换率（%）= 重组合类型数/（重组合类型数+亲组合类型数）×100%

互换率可以反映两个基因在同一条染色体上的相对距离，距离越远，发生交换的可能性越大；距离越近，发生交换的可能性越小。

四、三大定律常用的解题方法

三大定律的习题一般有两种：一种是已知双亲的基因型或表型，用棋盘法推导后代的基因型或表型的比例，这种问题比较简单；另一种是已知后代的表型或基因型，推导双亲的基因型，这种问题有些难度。下面以分离定律为例说明推导基因型的思路和方法。

1. 利用子代中隐性纯合体的反推法：例如家兔的毛色遗传，黑色由显性基因（B）控制，白色由隐性基因（b）控制。现有一只黑色雄家兔与另一只黑色雌家兔交配，生了一只白色的小家兔，问雄家兔和雌家兔的基因型如何？出生的小家兔基因型又如何？

由于黑色（B）是显性，白色（b）是隐性，双亲都是黑色，因此每个双亲至少含有一个B基因，又由于子代是白色小家兔，基因型是bb，它是由精卵细胞受精后发育而成，因此双亲中必有一个b基因，因此推导双亲的基因型均为Bb。

2. 根据后代性状分离比解题：若后代性状分离比是3∶1时，则双亲肯定是杂合体。若后代性状分离比是1∶1时，则肯定是测交。若后代性状只有一种表型，则双亲都是纯合体；或一方是杂合体，另一方是显性纯合体。

【课前预习】

一、基础复习

减数分裂过程、配子发生过程。

二、预习目标

1. 第一次减数分裂过程中_____分离，第二次减数分裂过程中_____分离。

2. 在遗传学中，P表示_____，♀表示_____，♂表示_____，G表示_____，×表示_____，F1表示_____，F2表示_____，自交用_____表示。

3. 自由组合定律适用于_____染色体上的_____基因控制的性状遗传，其细胞学基础是_____染色体的自由组合，其实质是_____的自由组合。

【课后巩固】

一、名词解释

性状　相对性状　显性性状　隐性性状　性状分离　显性基因　隐性基因
等位基因　基因型　表型　纯合体　杂合体　测交　连锁　互换

二、填空题

1. 遗传的三大定律是_____、_____及_____。

2. 分离定律适用于受_____对等位基因控制的_____对相对性状的遗传。

3. 减数分裂时，同源染色体的分离是分离定律的细胞学基础，分离定律的实质是_____的分离。

4. 在果蝇的连锁遗传中，若子代全是亲本组合的现象，称为_____；若子代大部分是亲本组合，少部分是重组类型的现象，称为_____。

5. 果蝇有4对染色体，可以形成_____个连锁群；人类有23对染色体，其中22对常染色体可形成_____个连锁群，X和Y各形成_____个连锁群，因此人类可形成_____个连锁群。

6. 同一对染色体上的两对等位基因距离越远，发生互换的可能性越_____；距离越近，发生互换的可能性越_____，一般用_____表示。

【综合练习】

A1 型题

1. 在减数分裂过程中，导致染色体数目减半的过程发生在
   A．减数第一分裂中期
   B．减数第二分裂末期
   C．减数第二分裂后期
   D．减数第一分裂后期
   E．以上都不对

2. 减数分裂中同源染色的分离，非同源染色体自由组合发生在
   A．减数第一分裂后期
   B．减数第一分裂前期
   C．减数第二分裂后期
   D．减数第二分裂前期
   E．减数第一分裂末期

3. 遗传学家孟德尔发现了遗传学的几个规律
   A．1个　　　　　　B．2个
   C．3个　　　　　　D．4个
   E．5个

4. 番茄的红果（R）对黄果（r）为显性，为了验证红果番茄的基因型为 RR 和 Rr，应和哪种番茄杂交
   A．纯合红果　　　　B．杂合红果
   C．纯合黄果　　　　D．杂合黄果
   E．表型为红果

5. 纯合高豌豆与矮豌豆杂交（高为显性、矮为隐性），可预期 F2 代植株为
   A．1/2 高茎，1/2 矮茎
   B．3/4 高茎，1/4 矮茎
   C．1/4 高茎，3/4 矮茎
   D．全部高茎
   E．全部矮茎

6. 一对夫妇生育了三个女孩，再生男孩的可能性是
   A．0　　　　　　　B．25%
   C．50%　　　　　　D．75%
   E．100%

7. 在下列性状中，属于相对性状的是
   A．葵花的高茎和豌豆的矮茎
   B．南瓜果实白色对豌豆子叶黄色
   C．豌豆种皮的圆滑和皱缩
   D．棉花的高茎与小麦叶子的形状
   E．月季的白花与石竹的红花

8. 显性基因和隐性基因的字母书写方式为
   A．显性基因小写，隐性基因大写
   B．显性基因和隐性基因均大写
   C．显性基因大写，隐性基因小写
   D．显性基因和隐性基因均小写
   E．两者大小写均可

9. 关于下列基因型的描述哪个是正确的
   A．Dd 和 DD 是纯合体
   B．Dd 和 dd 是杂合体
   C．DD 和 Dd 是杂合体
   D．dd 和 DD 是杂合体
   E．DD 和 dd 是纯合体

10. 假设茉莉花的颜色是受一对等位基因控制，并且属于不完全显性遗传，纯合子（RR）红花茉莉与纯合子（rr）白花茉莉杂交，子一代的基因型是
    A．红花　　　　　　B．粉红色
    C．RR　　　　　　　D．R．
    E．r．

11. 为了检测子一代杂合子的基因型，应进行下列哪种杂交方式
    A．子一代×隐性亲本

B．子一代×子一代

C．子一代×显性亲本

D．子一代×子二代

E．显性亲本×隐性亲本

12. **关于基因型与表型的关系，下列哪句话正确**

A．基因型相同，则表型一定相同

B．基因型不同，则表型一定不同

C．基因型不同，表型有可能相同

D．基因型由表型决定

E．基因型存在于表型之中

13. **等位基因的分离是由于何种染色体的分离引起的**

A．姐妹染色单体

B．同源染色体

C．性染色体

D．常染色体

E．非同源染色体

14. **等位基因是指一对同源染色体上相同位点上的**

A．两个显性基因

B．两个隐性基因

C．一个显性基因，一个隐性基因

D．控制相对性状的两个基因

E．一组基因

15. **子代中出现亲本品种原来所没有的性状组合，称为**

A．亲组合　　　　　　B．重组合

C．互换　　　　　　D．分离

E．连锁

16. **基因 A 和 B 连锁，a 和 b 连锁，基因 A 和 B 之间的交换率为 8%，在配子发生过程中杂合子产生 aB 型配子的比例是**

A．8%　　　　　　B．6%

C．4%　　　　　　D．2%

E．1%

17. **如果基因型为 BbVv 的雌果蝇与黑身残翅的雄果蝇测交，则后代的表型有**

A．2 种　　　　　　B．3 种

C．4 种　　　　　　D．7 种

E．8 种

18. **连锁遗传一般指什么基因连在一起**

A．等位基因

B．同一细胞内的所有基因

C．同一条染色体上的基因

D．同一生物体的所有基因

E．一对同源染色体上的所有基因

19. **互换的细胞学实质是**

A．两个体细胞之间染色单体交换片段

B．同一染色单体的基因交换位置

C．同源染色体之间染色单体交换片段

D．同一染色体上两个染色单体之间互换片段

E．非同源染色体之间染色单体互换片段

（游振伟）

第六章 人类的遗传变异与疾病

【知识要点】

一、遗传病的概念

遗传性疾病简称遗传病，是指细胞内遗传物质发生改变（染色体畸变或基因突变）所导致的疾病。它可以是生殖细胞突变引起，也可以是体细胞突变引起。

1. 生殖细胞突变引起的疾病与体细胞突变引起的疾病：生殖细胞内遗传物质突变所引起的遗传病，能够传递给后代。通常在上下代之间按一定方式垂直传递，并按一定比例发病，不会延伸至无血缘关系的个体（如配偶）。体细胞内遗传物质突变引起的疾病称为体细胞遗传病，只影响该个体，并不向后代传递。

2. 遗传病与先天性疾病：先天性疾病是指个体出生时即表现出来的疾病或发育异常。大多数遗传病表现为先天性疾病，如并指、唇腭裂、白化病等。但是先天性疾病不一定都是遗传病，例如母亲妊娠早期感染风疹病毒，可使孩子患有先天性心脏病或先天性白内障；孕期用药不当可引起畸胎、畸形儿等，这些虽然是先天性疾病，但并非遗传因素所引起，故不是遗传病。有些遗传病在患儿出生时并无临床症状，而是发育到一定年龄时才发病，例如Huntington 舞蹈病多在中年发病，阿尔茨海默病多在老年发病，这些虽不是先天性疾病，但却是遗传病。总之，先天性疾病不一定都是遗传病，而遗传病也不一定先天就发病。

3. 遗传病与家族性疾病：家族性疾病是指表现出家族聚集现象的疾病。遗传病通常表现有家族聚集性，但家族性疾病并非都是遗传病，同一家族的不同成员由于生活习惯、生活环境相似，使某些环境因素所引起的疾病也可表现出发病的家族性，例如家庭饮食中长期缺乏维生素 A 可引起多个成员患夜盲症。有些遗传病也可呈现出散发性，例如一些常染色体隐性遗传病，致病基因只有在纯合状态时才发病，故患者往往是散发的。

二、遗传因素在疾病发生中的作用

根据疾病发生中遗传因素和环境因素所起作用的大小不同，将疾病分为四类，见表 6-1。

表 6-1 疾病的分类及病种举例

疾病属性		遗传因素和环境因素的作用的因素	病种举例
遗传病	(1) 完全由遗传因素决定发病，看不到环境因素的作用		血友病 A、白化病、Down 综合征等
	(2) 基本上由遗传因素决定发病，但需一定的环境因素诱发		葡萄糖-6-磷酸脱氢酶缺乏症（蚕豆病）、苯丙酮尿症等
	(3) 遗传因素和环境因素对发病都起作用。但不同的疾病遗传因素所起作用大小各不相同		哮喘、高血压、精神分裂症、消化性溃疡等
非遗传病	(4) 环境因素起决定作用的疾病		外伤、中毒、营养性疾病等

三、遗传病的分类与发病率

根据遗传物质的突变方式和传递规律可分为五大类，见表 6-2。

表 6-2 遗传病的分类、概念及特点比较

遗传病类型	概 念	特 点
单基因病	单个基因突变所引起的疾病，称为单基因病，按孟德尔方式遗传，故又称孟德尔式遗传病	(1) 单基因病通常呈现特征性的家系传递格局，分为常色体显性遗传、常染色体隐性遗传、X 连锁显性遗传、X 连锁隐性遗传和 Y 连锁遗传五种主要的遗传方式 (2) 病种极多，还有不断增加的趋势 (3) 除少数病种（如红绿色盲、先天性聋哑等），绝大多数单基因病发生率较低，在临床上罕见 (4) 人群中有 3%～5% 的人受累于单基因病
多基因病	由两对以上基因和环境因素共同作用所导致的疾病，称为多基因病，又称多基因病	(1) 多基因病有家族聚集现象，但不像单基因病那样有明显的家系传递格局 (2) 目前已确认的多基因病不少于 100 种，多数多基因病的发生率较高，临床上较为常见 (3) 人群中有 15%～20% 的人受累于多基因病
染色体病	染色体数目或结构畸变所引起的疾病，称为染色体病，由于临床表现多样复杂，故又称为染色体畸变综合征	(1) 染色体畸变通常涉及许多基因结构和数量的变化，因此染色体病对个体的危害往往大于单基因病和多基因病 (2) 染色体病通常呈散发性，但也有在家系中传递的 (3) 目前已确定的染色体病种类约 100 多种，发生率高低不一 (4) 人群中有 0.5%～1% 的人受累于染色体病
线粒体遗传病	线粒体基因突变导致的疾病	线粒体遗传病通常表现为母系遗传
体细胞遗传病	体细胞内遗传物质突变基础上引起的疾病	由于是体细胞中遗传物质的改变，所以一般不向后代传递，但危及该个体的健康，例如肿瘤

四、遗传病的危害

主要表现在：

1. 遗传病的病种日益增多，导致绝对发病率增高。
2. 遗传病的相对发病率和死亡率增高。
3. 遗传病既给患者本身带来痛苦又会传递给后代。
4. 遗传病对人类健康构成潜在威胁。

五、识别遗传性疾病的方法

方法主要有：群体调查与家系调查结合法、系谱分析法、双生子法、种族差异比较、伴随性状研究、染色体分析、分子生物学方法等。

【课前预习】

一、基础复习

1. 遗传与变异的概念。
2. 遗传的基本规律。

二、预习目标

1. 先天性疾病是不是都是遗传病？后天性疾病是不是都不是遗传病？为什么？

2. 遗传病可分为_____、_____、_____、_____和_____五大类。

【课后巩固】

一、名词解释

遗传病　　先天性疾病　　家族性疾病

二、填空题

1. _____内遗传物质突变所引起的遗传病，能够传递给后代，通常在上下代之间按一定方式_____传递，并按一定比例发病。_____内遗传物质突变引起的疾病，只影响该个体，不向后代传递。

2. _____是指个体出生时即表现出来的疾病或发育异常。

3. 在一个家族中有多人罹患的同一种疾病称为_____。

【综合练习】

A1 型题

1. 遗传病是
   - A．散发疾病
   - B．先天性疾病
   - C．家族性疾病
   - D．遗传物质改变引起的疾病
   - E．不可医治的疾病

2. 下列叙述正确的是
   - A．出生后即表现出的畸形或疾病一定是遗传病
   - B．遗传病在出生时就会表现出来
   - C．遗传病一定会表现出家族聚集性
   - D．家族性疾病就是遗传病
   - E．先天性疾病可能有遗传因素和非遗传因素两方面的原因

3. 由多对基因和环境因素共同作用所导致的疾病属于
   - A．单基因病
   - B．多基因病
   - C．染色体病
   - D．线粒体遗传病
   - E．体细胞遗传病

4. 受环境因素诱导发病的单基因病为
   - A．血友病
   - B．白化病
   - C．镰形细胞贫血症
   - D．苯丙酮尿症
   - E．Huntington 舞蹈病

（游振伟）

第七章　单基因遗传与单基因病

【知识要点】

一、单基因病

单基因遗传病（简称单基因病）是指主要受一对等位基因控制的疾病，其遗传方式符合孟德尔定律，故又称为孟德尔式遗传病。

单基因病分为五种遗传方式：常染色体显性遗传（AD）、常染色体隐性遗传（AR）、X连锁显性遗传（XD）、X连锁隐性遗传（XR）和Y连锁遗传（YL）。临床上判断单基因病的遗传方式常常采用系谱分析法。单基因病的五种遗传方式及其主要病种见表7-1。

表 7-1　单基因病的遗传方式及病种举例

遗传方式	病种举例
AD	并指、软骨发育不全症、Marian 综合征、Huntington 舞蹈病、遗传性早秃、家族性高胆固醇血症、成年型多囊肾、家族性多发结肠息肉症等
AR	苯丙酮尿症、白化病 I 型、半乳糖血症、尿黑酸尿症、肝豆状核变性等
XD	抗维生素 D 性佝偻病、遗传性肾炎等
XR	红绿色盲、葡萄糖-6-磷酸脱氢酶缺乏症、血友病 A、血友病、Duchenne 型肌营养不良等
YL	外耳道多毛症、无精症（AZF 基因突变）等

1. 单基因病的遗传方式及其系谱特点：

(1) 常染色体显性遗传病的系谱特点：

· 连续传递，即系谱中每代都可出现患者。

· 男女发病机会均等。

· 患者的基因型绝大多数是杂合子，患者的双亲中必有一方为患者，患者的同胞中约有1/2 为患者。

· 双亲无病时，子女一般不会发病（基因突变和外显不全例外）。

(2) 常染色体隐性遗传病的系谱特点：

· 不连续传递。

· 男女发病机会均等。

· 患者的双亲往往表型正常，但他们都是携带者。患者的同胞中约有 1/4 为患者，患者表型正常的同胞中约有 2/3 的可能性是携带者。

· 近亲婚配时子女发病率比非近亲婚配者高得多。

(3) X 连锁显性遗传病的系谱特点：

· 人群中女性患者多于男性患者，女性患者病情常较轻。

· 连续传递。

· 患者的双亲中必有一方是患者，女患者的基因型绝大多数为杂合子。

· 男性患者的后代中，女儿全部是患者，儿子全部正常。

· 女性患者的后代中，儿、女各有1/2的发病风险。

(4) X连锁隐性遗传病的系谱特点：

· 人群中男性患者远多于女性患者，系谱中往往只有男性患者。

· 双亲无病时，儿子可能发病，女儿则不会发病。儿子若发病，其致病基因来自携带者母亲。

· 由于交叉遗传，男性患者的同胞兄弟、姨表兄弟、外祖父、舅父、外甥、外孙中可能有患者，其他亲属不可能患病。

· 如果女儿是患者，其父亲一定是患者，母亲可能是患者，也可能是表型正常的携带者。

(5) Y连锁遗传病的系谱特点：

· 全男遗传。

· 致病基因在家族的男性中垂直传递、连代遗传。

2. 常染色体显性遗传的类型：在常染色体显性遗传中，由于基因表达受到多种复杂因素的影响，杂合子可能出现不同的表现形式，因此将常染色体显性遗传分为五种类型，其特点见表7-2。

表 7-2　常染色体显性遗传的类型

类　型	特　点
完全显性遗传	杂合子（Aa）患者与显性纯合子（AA）患者表型相同
不完全显性遗传（半显性遗传）	杂合子（Aa）患者表型为显性纯合子（AA）与隐性纯合子（aa）之间的中间类型，临床症状有轻、重之别。AA个体为重型患者，Aa个体为轻型患者，aa个体为正常
不规则显性遗传	杂合子（Aa）个体由于受遗传背景因素和环境因素的双重影响可能不发病，或即使发病但表现程度也有差异
共显性遗传	杂合子（AB）个体的一对等位基因，没有显性与隐性的区别，两种基因的作用同时完全表现出来，分别独立地表达其基因产物，形成相应的表型
延迟显性遗传	杂合子（Aa）个体，并非出生后就表现出相应症状，而是发育到一定年龄阶段以后，致病基因的作用才表现出来

二、单基因病的有关问题

影响单基因病分析的因素有：

1. 外显率和表现度：

(1) 外显率：是指一定基因型的个体在群体中形成相应表型的百分率。显性基因在杂合状态下是否表达，常用外显率来衡量。如果外显率为100%，称为完全外显；如果外显率低于100%，称为不完全外显或外显不全。在外显不全的情况下，就会看到不规则显性遗传现象。

(2) 表现度：是指具有相同基因型的个体，由于各自所处的遗传背景和环境因素影响的不同，性状表现程度或所患遗传病轻重程度的差异。

2. 表型模拟：在个体发育过程中，由于环境因素的作用，使个体产生的症状与某一致病基因所产生的表型相同或相似，这种由环境因素引起的表型称为表型模拟或拟表型。表型模拟是由于环境因素的影响，并非生殖细胞中基因本身改变所致，因此这种由环境因素影响而引起的疾病不会遗传给后代。

3. 遗传异质性和基因的多效性：

(1) 遗传异质性：表型相同或相似而基因型不同的遗传现象称为遗传异质性。大多数遗传病都具有遗传异质性。临床症状相似的两个病例，由于遗传基础不同，其遗传方式、发病年龄、病程进展、病情严重程度、治疗、预后、再发风险等都有可能不同，所以对遗传异质性要给予高度重视，这是进行遗传咨询、优生指导的前提。

(2) 基因的多效性：是指一个基因可以决定或影响多个性状，这就造成一种遗传病可以有复杂的临床表现。

4. 限性遗传和从性遗传：

(1) 限性遗传：控制某种性状或遗传病的基因，由于基因表达的性别限制只在一种性别中表现，而在另一种性别中则完全不能表现，这种遗传方式称为限性遗传，例如子宫阴道积水。

(2) 从性遗传：常染色体上的基因所控制的性状或遗传病，在表型上受性别的影响而显示出男女分布比例上的差异或表现程度的差异，称为从性遗传，例如遗传性早秃。

限性遗传和从性遗传的现象表明，在常染色体遗传病中有时也可看到性别差异，应注意与性连锁遗传病相区别。

5. 遗传早现：有些遗传病（通常为延迟显性遗传病）在连续几代的遗传后，有发病年龄提前和病情严重程度加剧的现象，称为遗传早现。

6. 遗传印记：同一基因由不同性别的亲本传给子女可引起不同的表型效应，像这样由双亲性别决定基因功能上的差异称为遗传印记或称亲代印记或称基因组印记。遗传印记是哺乳动物及人类普遍存在的一种表观遗传现象。

7. 显性与隐性的相对性：基因的显性与隐性通常是以它们所控制的性状在杂合状态下是否表现出来加以区分的。显性与隐性的关系是相对而不是绝对的，同一遗传病可因依据的指标不同，而得出不同的遗传方式。

三、近亲婚配及其危害

近亲婚配是指 3～4 代以内有共同祖先的男女进行婚配。父母与儿女之间、同胞兄弟姐妹之间基因相同的可能性为 1/2，彼此之间称为一级亲属；祖父母与孙子（女）之间、外祖父母与外孙子（女）之间、叔（伯、姑）与侄儿（女）之间、舅（姨）与外甥儿（女）之间基因相同的可能性为 1/4，彼此之间称为二级亲属；堂兄弟姐妹之间、表兄弟姐妹之间基因相同的可能性为 1/8，彼此之间称为三级亲属，以此类推。

近亲婚配的危害在于：① 它大大增加了隐性基因纯合的机会，提高了人群中隐性遗传病的发病率；② 提高了某些先天畸形和多基因病的发病率；③ 从伦理道德方面看，近亲婚配是一种乱伦行为。

四、两种单基因病或单基因性状的遗传规律

1. 如果两种单基因病的致病基因位于不同对（非同源）染色体上，其遗传方式受自由组合定律制约。

2. 如果两种单基因病的致病基因位于同一对（同源）染色体上，其遗传方式受连锁与互换定律制约，子代重组合类型的比例由互换率来决定。

【课前预习】

一、基础复习

分离定律、减数分裂过程。

二、预习目标

单基因病的主要遗传方式包括_____、_____、_____、_____、_____五种类型。

【课后巩固】

一、名词解释

单基因病　　系谱　　先证者　　复等位基因　　携带者　　共显性遗传　　外显率　　表现度　　性连锁遗传　　交叉遗传　　半合子　　近亲婚配　　从性遗传

二、填空题

1. 在常染色体显性遗传中，根据杂合子表现形式不同，显性遗传可分为_____、_____、_____、_____、_____五种类型。

2. 在常染色体显性遗传中，杂合子（Aa）患者与显性纯合子（AA）患者表型不相同，临床症状有轻、重之别，即 AA 个体为重型患者，Aa 个体为轻型患者，这种情况称为_____。

3. 带有显性致病基因的杂合子（Aa）个体，发育到一定年龄阶段以后，才表现出相应的疾病，称为_____。

4. 在常染色体隐性遗传病中，近亲婚配时后代发病风险比非近亲婚配时_____。

5. 镰形细胞贫血症是一种单基因病，男女发病机会均等，据此可推断该致病基因位于_____染色体上。

6. 丈夫 O 型血，妻子 B 型血，孩子可能出现_____血型，不可能出现_____血型。

7. 正常男性个体，由于 X、Y 各自连锁基因不完全相同，Y 染色体上缺少与 X 染色体上对应的等位基因，因此男性体细胞中 X 连锁基因只有成对中的一个，故称为_____。

8. 红绿色盲呈 X 连锁隐性遗传，一位女性红绿色盲患者与一位正常男性结婚，所生儿子发病风险为_____，所生女儿发病风险为_____。

9. 血友病 A 表现为 XR，致病基因用 h 表示，女患者的基因型是_____，男患者的基因型是_____，携带者的基因型是_____。一位携带者女性与一位正常男性婚配，所生女儿发病风险为_____，儿子发病风险为_____，女儿是携带者的可能性为_____。

10. M 型血女性与 N 型血男性婚配，生育一个 MN 型的孩子，这种传递方式为_____。

11. 母亲为红绿色盲患者，父亲正常。他们的 4 个儿子中有_____个是红绿色盲患者，2 个女儿中有_____个是红绿色盲患者。

12. 视网膜母细胞瘤为 AD，其外显率为 70%，有一对夫妇丈夫是患者，妻子正常，他们生育患儿的概率为_____，生育携带者的概率为_____。

13. 高度近视为 AR，一对表型正常的夫妇，生了一个高度近视的女儿和一个正常男孩，这个男孩是携带者的概率是_____。这个男孩与一位表型正常但其弟弟患高度近视的女性结婚，所生第一个孩子发病风险为_____；如果第一个孩子是患者，说明这对夫妻都是_____，再生第二个孩子的发病风险为_____。

14. 一对表型正常的夫妇生育了一个色盲儿子，那么儿子色盲基因的来源是_____。

【综合练习】

A1 型题

1. 下列哪种不属于单基因病
   A. 白化病　　　　　　B. 精神分裂症
   C. 红绿色盲　　　　　B. 高度近视
   E. 苯丙酮尿症

2. 下列哪种不属于 AD
   A. Down 综合征
   B. 多指症
   C. 并指症
   D. Huntington 舞蹈病
   E. β 地中海贫血

3. 下列哪种不属于 AR
   A. 白化病　　　　　　B. 苯丙酮尿症
   C. 半乳糖血症　　　　D. 红绿色盲
   E. 高度近视

4. 一对表型正常的夫妇，婚后生了一个白化病的孩子，这对夫妇的基因型是
   A. Aa×Aa　　　　　　B. AA×Aa
   C. Aa×Aa　　　　　　D. AA×aa
   E. aa×aa

5. 一对表型正常的夫妇，生了一个患白化病的男孩，如果他们再生一个孩子，表型正常的可能性是
   A. 25%　　　　　　　B. 50%
   C. 75%　　　　　　　D. 100%
   E. 0

6. 苯丙酮尿症呈 AR，一对身体健康的夫妇，生育了一男一女两个苯丙酮尿症孩子，这对夫妇再生育健康孩子的可能性是
   A. 25%　　　　　　　B. 0
   C. 75%　　　　　　　D. 50%
   E. 100%

7. 不符合常染色体显性遗传病系谱特点的是
   A. 患者的双亲中往往有一个是患者
   B. 系谱中连续几代可看到患者，呈连续传递
   C. 男女发病机会均等
   D. 杂合子不发病，是携带者
   E. 双亲无病，子女一般不发病

8. 关于常染色体隐性遗传病系谱的特点，下列叙述不正确的是
   A. 患者的双亲往往表型正常，但都是携带者
   B. 近亲婚配时子女发病率比非近亲婚配时高
   C. 致病基因可在一个家系中传递几代而不表现出来
   D. 群体中男患者多于女患者，系谱中往往只有男患者
   E. 不连续传递

9. 关于 X 连锁隐性遗传病系谱的特点，下列哪种说法是错误的
   A. 系谱中往往只有男患者
   B. 有交叉遗传现象
   C. 女儿患病，父亲一定也是该病患者
   D. 母亲有病，父亲正常，则儿子都患病，女儿都是携带者
   E. 双亲无病，子女不发病

10. 遗传背景是指
    A. 一对等位基因之间的关系

B．复等位基因之间的关系

C．一对纯合基因以外的基因组中的其他成员

D．一个基因除去它的等位基因外基因组中的其他基因

E．基因显性、隐性的关系

11．系谱绘制与调查分析是从何处入手进行的

　　A．家族　　　　　B．祖先

　　C．先证者　　　　D．旁系亲属

　　E．直系亲属

12．若亲代基因型是 **Aa×Aa**，后代表型的比例为 **1：2：1**，这属于

　　A．不完全显性遗传

　　B．完全显性遗传

　　C．遗传异质性

　　D．基因自由组合

　　E．不规则显性遗传

13．一对等位基因，没有显性与隐性的区别，在杂合状态下，两种基因的作用同时完全表现出来，分别独立地表达其基因产物，形成相应的表型，称为

　　A．不完全显性遗传

　　B．不规则显性遗传

　　C．共显性遗传

　　D．延迟显性遗传

　　E．遗传异质性

14．**Huntington** 舞蹈病患者并非出生后即表现出相应症状，而是到了一定年龄阶段，致病基因的作用才表现出来，这种现象称为

　　A．不规则显性遗传

　　B．延迟显性遗传

　　C．共显性遗传

　　D．不完全显性遗传

　　E．遗传异质性

15．父母都是 **B** 型血，生育了一个 **O** 型血的孩子，这对夫妇再生育孩子的血型可能是

　　A．只能是 B 型　　　B．只能是 O 型

　　C．B 型或 O 型　　　D．AB 型

　　E．O 型或 AB 型

16．一个 **O** 型血的母亲生育了一个 **A** 型血的孩子，孩子父亲的血型是

　　A．只能是 A 型

　　B．A 型或 B 型

　　C．只能是 O 型

　　D．A 型或 AB 型

　　E．A 型或 O 型

17．一位红绿色盲男性的父母、祖父母和外祖父母的色觉均正常，但他的舅父是红绿色盲患者，由此可知这位男性患者的

　　A．父亲是红绿色盲基因的携带者

　　B．母亲是红绿色盲基因的携带者

　　C．父、母亲都是红绿色盲基因的携带者

　　D．外祖父是红绿色盲基因的携带者

　　E．祖父是红绿色盲基因的携带者

18．一个男婴的父亲患红绿色盲，母亲是表型正常的携带者，则该男婴患红绿色盲的可能性是

　　A．1/2　　　　　　B．1/4

　　C．0　　　　　　　D．100%

　　E．3/4

19．血友病 A 呈 **XR**，一位男患者，其父母和祖父母均正常，其亲属中不可能患此病的人是

　　A．外祖父　　　　　B．堂兄弟

　　C．姨表兄弟　　　　D．同胞兄弟

　　E．外甥

20．一位男性把 **X** 染色体上某一致病基因传给其孙女的概率是

　　A．1/4　　　　　　B．1/2

　　C．1/8　　　　　　D．0

　　E．3/4

21．女儿为红绿色盲时，她的致病基因是来自

　　A．父亲的 X 染色体

　　B．母亲的 X 染色体

　　C．父亲的 X 染色体和母亲的 X 染色体

　　D．父亲的 Y 染色体和母亲的 X 染色体

　　E．父亲的 Y 染色体

22．白化病呈 **AR**，若亲代一方为白化病，子

代全部表型正常，则亲代最可能的基因型为

A. AA×aa   B. Aa×aa

C. Aa×Aa   D. AA×Aa

E. aa×aa

23. 一个 O 型血孩子，其父母血型组合不可能是

A. A 型×O 型   B. AB 型×O 型

C. A 型×A 型   D. A 型×B 型

E. B 型×O 型

24. 表兄弟姐妹属于

A. 一级亲属   B. 二级亲属

C. 三级亲属   D. 四级亲属

E. 五级亲属

25. 指关节僵直症为 AD，其外显率为 75%，一位杂合子患者与正常人婚配，生育患儿的概率为

A. 1/2   B. 3/8

C. 1/4   D. 100%

E. 3/4

26. 高度近视为 AR，两个高度近视患者结婚，其每胎子女为正常视力的可能性是

A. 0   B. 25%

C. 50%   D. 75%

E. 100%

27. 抗维生素 D 性佝偻病为 XD，夫妇二人均为此病患者，所生子女发病风险为

A. 儿子、女儿都 100% 为患者

B. 儿子、女儿全部正常

C. 儿子中 50% 为患者，女儿中 50% 为患者

D. 儿子中 50% 为患者，女儿全部为患者

E. 不能确定

28. 父亲为并指畸形（AD），母亲正常，婚后生了一个白化病（AR）患儿，如再生孩子，同时具有并指和白化的可能性为

A. 3/8   B. 1/8

C. 1/4   D. 1/2

E. 0

29. 外耳道多毛症属于

A. 常染色体显性遗传

B. 常染色体隐性遗传

C. X 连锁显性遗传

D. X 连锁隐性遗传

E. Y 连锁遗传

30. 下列哪种属于不规则显性遗传病

A. 多指症

B. 地中海贫血

C. 遗传性早秃

D. Huntington 舞蹈病

E. 短指症

31. 一对表型正常的夫妇，妻子的哥哥为苯丙酮尿症（AR）患者，假若人群中该病致病基因携带者的频率为 1/70，这对夫妇生育苯丙酮尿症患儿的概率为

A. 1/4   B. 1/70

C. 1/210   D. 1/420

E. 1/280

32. 一对夫妇生育了三个女孩，再生男孩的可能性是

A. 0   B. 25%

C. 50%   D. 75%

E. 100%

（游振伟）

第八章 多基因遗传与多基因病

【知识要点】

一、质量性状和数量性状

1. 质量性状：在群体中，性状分布呈不连续性变异，不同个体间存在质的差别，称为质量性状。如豌豆茎的高度、人的多指（趾）症、白化病、多发性结肠息肉、红绿色盲等都属于质量性状。质量性状的遗传基础是一对等位基因，因此又称为单基因遗传性状。

2. 数量性状：在群体中，性状分布呈连续性变异，不同个体之间的差异只有数量或程度上的差异，没有质的区别，称为数量性状。如人的体重、身高、智力、体力、肤色、寿命、血压等性状，以及某些先天性畸形、高血压、精神分裂症等疾病的性状都属于数量性状。数量性状的遗传基础是多对等位基因，因此，数量性状的遗传又称为多基因遗传。

二、多基因遗传假说

多基因遗传假说的主要论点是：

1. 数量性状的遗传基础不是一对等位基因，而是两对或两对以上的等位基因。

2. 等位基因之间没有显性与隐性之分，呈共显性。

3. 每对等位基因对该遗传性状形成的作用都很微小，这些基因被称为微效基因，但作用是累加的，称为累加效应。

4. 各对基因的传递仍然遵循遗传的基本规律，在配子形成时，随同源染色体的行为而进行分离和自由组合。

5. 数量性状除了受多基因的遗传基础影响外，还受环境因素影响，是遗传和环境双重因素共同作用的结果。

三、多基因遗传的特点

1. 当两个极端变异（纯种）的个体杂交后，子一代都表现为中间类型，但也存在一定变异的极端个体，是受环境因素影响的结果。

2. 当两个中间类型（子一代）个体杂交后，子二代大多数是中间类型，有时会产生少量极端类型。这种情况除了环境因素的作用外，微效基因的分离和自由组合对变异的产生也起了一定作用，因此，子二代的变异范围比子一代更加广泛。

3. 在一个随机杂交的群体中，变异类型很多，变异的范围也比较大，但是，产生的后代大多在中间范围，极少数在极端范围。由于多基因的遗传基础和环境因素的影响，子代表现的变异范围将更加广泛且呈连续性分布。

四、多基因遗传中的几个重要概念

1. 易感性：在多基因遗传病中，若干作用微小但有累加效应的致病基因是个体患病的遗传基础。这种由遗传基础决定一个个体患某种多基因遗传病的风险，称为易感性。易感性仅强调遗传基础对发病风险的作用。

2. 易患性：在多基因病中，由遗传因素和环境因素的共同作用，决定一个个体是否易于患病的可能性称为易患性。易患性低，患病的可能性小；易患性高，则患病的可能性大。在一定的环境条件下，易患性代表个体所积累致病基因数量的多少。

3. 阈值：在一个群体中，易患性有高有低，但大多数人的易患性呈中等水平接近平均值，易患性很高和很低的个体都很少。只有当易患性达到或者超过某一限度时，个体才开始发病，使个体患病的易患性最低界限值称为发病的阈值。在一定的环境条件下，阈值代表患病所需要的、最低限度的易患基因的数量。

4. 遗传度：在多基因病中，易患性高低受遗传因素和环境因素的双重影响，其中遗传因素所起作用的大小，称为遗传度，也称遗传率和遗传力。遗传度一般用百分率（%）表示。一般遗传率在 70%～80%之间就表明遗传基础在决定易患性变异或发病上起主要作用，而环境因素的影响较小；相反，遗传率在 30%～40% 之间则表明遗传基础的作用不显著，而环境因素在决定易患性变异或发病上起重要作用。

五、多基因病的遗传特点

1. 有明显的家族聚集倾向。患者的亲属患病率高于群体患病率，但经系谱分析，不符合单基因遗传方式（AD、AR、XD、XR），患者同胞患病率远低于 1/2（AD）或 1/4（AR），患者同胞的患病率一般为 1%～10%。

2. 患者双亲、同胞、子女的亲缘系数相同，均为 1/2，有相同的发病风险。

3. 随着亲属级别的降低，患者亲属发病风险迅速降低。

4. 患病率有种族差异性，表明不同种族或民族的基因库不同。

5. 近亲婚配时，子女的患病风险也增高，但不如常染色体隐性遗传病那样显著，这可能是致病基因或易患性基因的积累造成的。

6. 病情越重，再发风险越大，表明遗传因素起着重要作用。

7. 单卵双生患病一致率高于二卵双生患病一致率。

六、多基因病发病风险的估计

1. 如果群体发病率为 0.1%～1%，遗传度为 70%～80%，患者一级亲属的发病率近似于群体发病率的平方根。

2. 一个家庭中患病的人数越多，则再发风险越高。

3. 病情严重的患者，子女再发风险也相应增高。

【课前预习】

一、基础复习

多基因遗传病的概念。

二、预习目标

数量性状和质量性状有什么区别?

【课后巩固】

一、名词解释

质量性状　数量性状　多基因病　易感性　易患性　阈值　遗传度　微效基因

二、填空题

1. 单基因遗传的遗传性状由_____对等位基因控制,相对性状之间差异明显,即变异是不连续的,称为_____。多基因遗传性状与单基因遗传性状不同,其遗传基础是由_____对基因控制,且变异在一个群体是连续的,称为_____。

2. 数量性状的相对性状之间差别_____,中间_____过渡类型,性状的变异分布是_____,不同的个体之间没有_____的差别。

3. 当两个中间类型(子一代)个体杂交后,子二代大多数是_____类型,有时会产生少量_____类型。这种情况除了环境因素的作用外,微效基因的_____和_____对变异的产生也起了一定作用。

4. 阈值的本质是_____。

5. 数量性状除受_____的遗传基础影响外,_____也起一定作用。

6. 当遗传度为 70%～80% 时,表明_____在决定患病方面有着重要作用,而_____的作用较小。

7. 多基因病在人群中的发病率一般都超过_____,在患者同胞中的发病率约为_____。

8. 在多基因病中,若一般群体发病率为 0.1%～1%,遗传度为 70%～80% 时,患者一级亲属的发病率约为群体发病率的_____。

9. 某种多基因病男性发病率高于女性发病率,则女性患者生育的后代发病风险_____。

【综合练习】

A1 型题

1. 甲夫妇生了一个唇裂患儿,乙夫妇生了一个唇腭裂患儿,他们再生育发病风险相比较为
   A. 甲＞乙　　　　　B. 乙＞甲
   C. 均为 1/2　　　　D. 均为 1/4
   E. 不可预测

2. 在一个被调查人群中,糖尿病(早发型)的发病率是 0.25%,遗传度为 75%,则患者一级亲属的发病率是
   A. 4%　　　　　　　B. 5%
   C. 6%　　　　　　　D. 7%
   E. 3%

3. 哮喘是何种遗传疾病
   A. 单基因病　　　　B. 多基因病
   C. 染色体病　　　　D. 常见病
   E. 传染病

4. 人类的身高属于多基因遗传，两个中等身高的个体婚配，其子女身高大部分
   A. 偏矮　　　　　　B. 极矮
   C. 中等　　　　　　D. 极高
   E. 偏高

5. 人的肤色遗传表现出肤色多样性，主要是由于多基因的
   A. 变异　　　　　　B. 自由组合
   C. 连锁　　　　　　D. 互换
   E. 突变

6. 关于多基因假说，下列叙述错误的是
   A. 数量性状受两对或两对以上基因决定
   B. 每对等位基因间是共显性关系
   C. 数量性状受微效基因控制
   D. 环境因素起主导作用
   E. 微效基因与同源染色体的行为一致

7. 下列不属于多基因遗传病的是
   A. 精神分裂症
   B. 糖尿病
   C. 先天性幽门狭窄
   D. 软骨发育不全
   E. 唇裂

8. 环境因素在发病中起主要作用的疾病是
   A. 先天性幽门狭窄　　　B. 白化病
   C. 消化性溃疡　　　　　D. 哮喘
   E. 先天性巨结肠

9. 下列叙述中，不属于多基因病特点的是
   A. 二级亲属发病率低于一级亲属发病率
   B. 患者所在家族发病率高于群体发病率
   C. 近亲婚配时，子女中发病率明显升高
   D. 病情严重患者其后代发病率高
   E. 发病因素中有环境因素的作用

10. 下列叙述不正确的是
    A. 家庭中多基因病患者越多，则再发风险越高
    B. 病情越严重，则患者的易患性基因越多
    C. 先天性幽门狭窄，女患者的阈值高于男性的阈值
    D. 随着亲属级别的降低，患者亲属发病率明显升高
    E. 多基因病由遗传因素和环境因素共同决定

（游振伟）

第九章　人类染色体与染色体病

【知识要点】

一、人类染色体的形态与类型

染色体的形态在细胞增殖的不同时期不断地变化，中期时的染色体达到最大程度的凝缩，形态典型而最易辨认，常被用于染色体研究和临床染色体病的诊断。

每一中期染色体均由两条姐妹染色单体构成，每一条染色单体由一个 DNA 分子螺旋而成，两条单体通过着丝粒彼此相连。着丝粒将染色体纵向分为两部分：短臂（p）和长臂（q）。在某些染色体的长臂或短臂上存在浅染缢缩的区段称为次缢痕。在有些染色体的短臂上，有一个球形或棒状结构，称为随体，如人类染色体中的 13、14、15、21、22 号染色体的末端都存在随体。染色体两臂末端由 DNA 和蛋白质组成的特化部位称为端粒，维持染色体结构的完整性和稳定性，也与肿瘤发生、细胞衰老有关。

人类染色体按照着丝粒在染色体纵轴上的相对位置被分成三种类型：

1. 中央着丝粒染色体：着丝粒位于染色体纵轴 1/2 ~ 5/8 处。
2. 亚中着丝粒染色体：着丝粒位于染色体纵轴 5/8 ~ 7/8 处。
3. 近端着丝粒染色体：着丝粒位于染色体纵轴 7/8 ~ 末端处。

二、性染色质

1. 性染色质：指性染色体（X 和 Y 染色体）在间期细胞核中呈现出的特殊结构，包括 X 染色质和 Y 染色质两种。

(1) X 染色质：是正常女性体细胞的间期核中存在的一个紧贴核膜内缘、直径约 1 μm 的椭圆形浓染小体。正常男性间期核中则没有 X 染色质。赖昂（Lyon）提出的 X 染色体失活假说解释了正常男女性之间的 X 染色质存在差异的问题，其要点包括：剂量补偿、X 染色体失活是随机而恒定的、失活发生在胚胎早期。

(2) Y 染色质：将正常男性体细胞用荧光染料染色后，通过荧光显微镜可观察到细胞核中有一直径约 0.3 μm 的强荧光小体，称为 Y 染色质，其实质是 Y 染色体长臂远端部分的异染色质。

2. 性染色质检查在性别鉴定中有重要作用。临床上也可用于诊断某些性染色体病，如 47,XXY 患者其 X 染色质、Y 染色质均呈阳性；45,X 患者其 X 染色质和 Y 染色质均呈阴性。一般利用口腔黏膜上皮细胞、羊水细胞或绒毛细胞等进行临床检查。

三、人类染色体分组特征

见教材表 9-1。

四、染色体核型

1. 核型：指将一个体细胞中的全部染色体，按其大小、形态特征分组排列所构成的图像。

2. 核型分析：对这些图像进行染色体数目、形态特征的分析。核型的描述包括染色体的总数和性染色体的组成，中间用逗号分隔开，例如：正常男性核型描述为 46,XY；正常女性核型描述为 46,XX。

五、染色体的显带技术与带型

1. 染色体显带技术：指应用荧光染料氮芥喹吖因等处理中期染色体标本后，在荧光显微镜下观察到染色体长臂和短臂呈现明暗相间、宽窄不一的带纹。描述一个染色体特定带纹时需依次记录：染色体号、臂符号、区号、带号。书写时依次连写，不用间隔和标点。例如 1 号染色体短臂 3 区 6 带，可表示成 1p36。

2. 染色体高分辨显带：通过观察用早中期、晚前期或更早时期的细胞制备的染色体高分辨显带标本，能为染色体及其所发生的畸变提供更多细节，有助于发现一些常规显带所不能反映的更多、更微细的结构畸变，使染色体发生畸变的断裂点定位更加准确，在临床染色体检查、肿瘤染色体研究和基因定位中有广泛的应用价值。高分辨显带是在原来常规显带的基础上再分出亚带、次亚带，因而其描述的方法就是在原带号后加上小数点、亚带号、次亚带号，例如 1 号染色体短臂 3 区 6 带第 1 亚带第 2 次亚带可描述为 1p36.12。

3. 人类染色体的多态性：在正常健康人群中存在着各种染色体的恒定微小差异，包括形态结构、带纹宽窄度和着色强度等，这些微小恒定的变异按照孟德尔方式遗传，通常没有明显的表型效应和病理学意义，这类现象称为染色体多态性。染色体多态性的常见部位包括：

(1) Y 染色体的长度变异，这是最常见、最典型的多态形态。

(2) 第 1、9、16 号染色体次缢痕的变异。

(3) D 组和 G 组近端着丝粒染色体的短臂、随体及次缢痕的变异。

六、染色体数目畸变

染色体数目畸变：指细胞中染色体数目的增加或减少，包括整倍性改变、非整倍性改变和嵌合体三种形式。

1. 整倍性改变细胞中染色体数目整组地增加或减少：

(1) 单倍体：细胞核中含有一个完整的染色体组（n）。

(2) 二倍体：细胞核中含有两个染色体组（2n）。

(3) 三倍体：细胞核中含有三个染色体组（3n）。

(4) 多倍体：细胞核中含有两个以上染色体组。

整倍性改变的形成机制主要是：双雄受精、双雌受精、核内复制。

2. 非整倍性改变体细胞中的染色体增加或减少一条或数条的现象，这是临床上最常见的染色体畸变类型。

(1) 亚二倍体：体细胞中染色体数目少了一条或数条。

(2) 单体型：在亚二倍体中，丢失一条染色体就构成此号染色体的单体型（2n－1）。

(3) 超二倍体：体细胞中染色体数目多了一条或数条。

(4) 三体型：在超二倍体中，多出某一号染色体就叫做这号染色体的三体型（2n+1）。

(5) 多体型：三体型以上的统称。多体型常见于性染色体中，如性染色体四体型（48,XXXX；48,XXXY；48,XXYY）和五体型（49,XXXXX；49,XXXYY）等。

非整倍性改变形成的机制：染色体不分离和染色体丢失。

3. 嵌合体：指一个个体中同时存在两种或两种以上核型不同的细胞系或细胞群。嵌合体的形成机制主要是在卵裂过程中染色体不分离，卵裂时染色体丢失也会形成嵌合体。

4. 染色体数目畸变的描述方法：

(1) 细胞发生整倍性改变的描述方法是：全部染色体的数目，性染色体的组成。如69,XXY、92,XXXX 等。

(2) 细胞发生非整倍性改变的描述方法是：染色体总数，性染色体组成，+(−) 畸变染色体序号。

(3) 嵌合体的描述方法是：两种或两种以上不同的核型间以"/"分隔。例如核型为 46,XX 和 47,XX,+21 的嵌合体可描述为 46,XX/47,XX,+21。

七、染色体结构畸变

染色体结构畸变：指染色体的结构发生缺失、重复、倒位、易位等变化。

染色体结构畸变核型的简式描述方法是依次写明：① 染色体总数；② 性染色体组成；③ 畸变类型的符号（一个字母或三联字母）；④ 第一个括号内写明受累染色体序号；⑤ 第二个括号内注明长臂或短臂、区号、带号以示断裂点。

1. 缺失（简写为 del）：指染色体片段的丢失，包括末端缺失和中间缺失两类。

2. 重复（简写为 dup）：一条染色体断裂产生的断片连接到同源染色体中另一条染色体的相应部位，致使后者部分节段相同。

3. 倒位（简写为 inv）：是某一染色体发生两次断裂后，两断裂点之间的片段旋转180°后重接的现象，分为臂内倒位和臂间倒位。

4. 易位（简写为 t）：两条非同源染色体同时发生断裂，其断片接合到另一染色体上。

(1) 相互易位：指两条染色体同时发生断裂，断片交换位置后重接。染色体相互易位的发生，如果只有位置的改变而没有明显的染色体片段的增减，通常不会引起明显的遗传效应，对个体发育一般无严重影响，也称平衡易位。染色体平衡易位是最常见的染色体结构异常。具有易位染色体但表型正常的个体称为平衡易位携带者，平衡易位携带者本人表型正常，但这种结构变异可以遗传，造成胎儿流产、死胎、畸形或智力低下等遗传效应。

(2) 罗伯逊易位：指发生于近端着丝粒染色体间的一种易位。当两个近端着丝粒染色体在着丝粒部位或着丝粒附近发生断裂后，二者的长臂在着丝粒处接合，形成一条由长臂构成的衍生染色体，两个短臂则构成一个很小的染色体。罗伯逊易位形成的小染色体在随后的细胞分裂中丢失。由于丢失的小染色体遗传物质很少，而由两条长臂构成的染色体上则几乎包含了两条染色体的全部基因，因此，罗伯逊易位携带者虽然只有 45 条染色体，但表型一般正常，只在形成配子的时候会出现异常，造成胚胎死亡而流产或出生先天畸形的患儿。

八、染色体病

染色体病：指染色体数目异常或结构畸变引起的疾病，染色体病常表现为具有多种症状的综合征，故又称染色体综合征。

染色体病在临床和遗传上一般有如下特点：

① 染色体病患者均有先天性多发畸形，智力发育和生长发育迟缓，有的还有特异的皮肤纹理改变。

② 绝大部分染色体病患者呈散发性，即双亲染色体正常，畸变染色体来自双亲生殖细胞或受精卵早期卵裂新发生的染色体畸变，这类患者往往无家族史。

③ 少数染色体结构畸变的患者是由表型正常的双亲遗传而来，其双亲之一为染色体平衡易位携带者，可将畸变的染色体遗传给子代，引起子代的染色体不平衡而致病，这类患者常伴有家族史。

1. 21 三体综合征也称 Down 综合征或先天愚型。

(1) 临床特征：主要表现为智力低下、生长发育迟缓、特殊面容（眼裂小、眼距宽、塌鼻梁、耳位低、耳廓畸形、舌大外伸、流涎等），常合并心脏畸形及消化道畸形，易罹患白血病等。是儿科最常见的染色体病。

(2) 核型：

① 21 三体型：核型为 47,XX(XY),+21，约占先天愚型的 92.5%。

② 嵌合型：核型为 46,XX(XY)/47,XX(XY),+21，约占 2.5%。

③ 易位型：D/G 易位如 46,XX(XY), −14,+t(14;21)(p11;qll)；

　　　　　　G/G 易位如 46,XX(XY), −21,+t(21;21)(p11;qll)。约占 5%。

(3) 发生原因：

① 21 三体型的发生，一般是由于患者母亲在卵子发生过程中减数分裂时发生 21 号染色体不分离，产生了含有两条 21 号染色体的卵子，该卵子与正常精子结合后而形成的。随母亲年龄增加，21 号染色体发生不分离的机会相应增大。

② 嵌合型的发生主要是正常的受精卵在胚胎发育早期的卵裂过程中，第 21 号染色体发生不分离所致。

③ 易位型的发生可能是新发生的畸变所致，也可能是由于双亲之一为染色体平衡易位携带者。

2. 5p– 综合征也称猫叫综合征。

(1) 临床特征：严重智力低下，生长发育迟缓，头面部畸形，咽喉部发育不良致哭声似猫叫，多有语言障碍等。

(2) 核型：46,XX(XY)，del(5)(p15)。

(3) 发生原因：患者双亲之一在生殖细胞形成过程中，5 号染色体发生断裂，产生第 5 号染色体短臂缺失的生殖细胞，此细胞受精后引起异常发育而形成。

3. 先天性睾丸发育不全症也称 Klinefelter 综合征。

(1) 临床特征：以身材高、睾丸小、第二性征发育差、不育为特征，四肢修长、胡须阴毛稀少，睾丸精曲小管基膜增厚、呈玻璃样变性，无精子。

(2) 核型：多为 47,XXY；约有 1/3 为嵌合体 46,XY/47,XXY 或 46,XY/48,XXXY。

(3) 发生原因：亲代生殖细胞形成过程中减数分裂时发生性染色体不分离所致。60%的患者是由于母方、40% 是由于父方性染色体发生不分离所致。

4. 先天性卵巢发育不全症，又称 Turner 综合征。

(1) 临床特征：生长迟缓（2～3 岁显著落后，青春期更明显，骨成熟及骨骺延迟），性发育不良（无第二性征，外生殖器幼稚型），特殊的身躯特征（皮肤色素痣、蹼颈、眼睑下垂、后发际低、盾状胸、乳距宽、肘外翻等）。

（2）核型：核型为 45,X，也有 45,X/46,XX 嵌合型。

（3）发生原因：主要由于父方在形成精子的减数分裂过程中，X 与 Y 染色体不分离，从而产生了 24,XY 型和 22,0 型精子，由 22,0 型精子与正常卵子 23,X 受精后形成 45,X。

5. X 三体或多体综合征又称超雌体。

（1）临床特征：多数具有 3 条 X 染色体的女性与正常女性无差异，少数患者有临床表现。临床表现主要为间歇性闭经、乳腺发育不良、卵巢功能障碍、阴毛稀少、身体矮小、肥胖、眼距宽、眼裂上斜，部分患者有轻度智力障碍及精神行为异常等。X 染色体数量越多，智力损害和发育畸形越严重，精神越异常。

（2）核型：多为 47,XXX，少数核型为 46,XX/47,XXX 嵌合体。X 多体患者可有 4 条甚至 5 条 X 染色体，核型为 48,XXXX 或 49,XXXXX。

（3）发生原因：由于母亲生殖细胞形成过程中 X 染色体不分离所致。

6. XYY 综合征：患者间期细胞核有两个 Y 染色质。

（1）临床特征：身材高大，智力正常或稍低下，多数自我克制力差，性情暴躁，易产生攻击性侵犯行为，少数患者可见隐睾或睾丸发育不全。

（2）核型：典型核型为 47,XYY；此外还有 48,XXYY、49,XXYYY、46,XY/47,XYY 嵌合体等。

（3）发生原因：患者父亲在精子发生减数第二次分裂时发生了 Y 姐妹染色单体不分离而形成 24,YY 精子，与正常卵子受精形成 47,XYY 个体。

7. 脆性 X 染色体综合征：X 染色体在 Xq27.3 处呈细丝样结构。

（1）临床特征：主要表现为中、重度智力低下；语言障碍、多动症、孤僻、害羞；特殊面容（长脸、方额、前额突出、大耳、高腭弓、嘴大唇厚、下颌大而前突等），三大（人高马大、耳大、睾丸大）。

（2）核型：46,fraX(q27)Y。

（3）发生原因：一般认为男性患者的 fraX 来自携带者母亲。女性由于有两条 X 染色体，故女性携带者一般表型正常，约 1/3 的女性携带者表现为轻度智力低下。

8. 两性畸形：指某一个体在内外生殖系统或第二性征等方面兼具两性的特征。两性畸形的矫正需兼顾生理性别、心理性别和社会性别的统一。

（1）真两性畸形：患者体内兼有男女两种性腺，既有睾丸又有卵巢，外生殖器及第二性征不同程度地介于两性之间。社会性别可为男性或女性。

（2）假两性畸形：患者核型和性腺只有一种，但其外生殖器或第二性征都有两性特征或畸形。

【课前预习】

一、基础复习

1. 染色质与染色体的概念及相互关系。

2. 同源染色体、姐妹染色单体的概念。

3. 减数分裂过程中，同源染色体彼此分离发生在_____；
姐妹染色单体的彼此分离发生在_____。

二、预习目标

1. 根据着丝粒在染色体纵轴上的位置，将染色体分为_____染色体、亚
染色体和_____染色体三类。

2. 正常男性核型描述为_____，正常女性核型描述为_____。

【课后巩固】

一、名词解释

X 染色质与 Y 染色质　　核型与核型分析　　染色体畸变　　整倍性改变与非整倍性改变
超二倍体与亚二倍体　　三体型与单体型　　嵌合体　　缺失　　重复　　倒位　　罗伯逊易位
平衡易位携带者　　染色体病　　两性畸形

二、填空题

1. 人类的 46 条染色体中，有两条与性别有关，称为_____，其余的 44 条是男
女都有的，称为_____。

2. 核型为 48,XXXY 的个体间期核中可见_____个 X 染色质和_____个 Y 染色质。

3. 9q34.12 的意义是_____；lp36.21 的意
义是_____。

4. 染色体畸变包括_____和_____两大类。

5. 染色体数目畸变包括_____、_____和_____三种形式。

6. 染色体结构畸变主要有_____、_____、_____和_____。

7. 染色体结构畸变核型的简式描述方法是依次写明_____、_____、
_____、_____、_____和_____。

8. 猫叫综合征是由于患者体细胞中_____号染色体_____缺失而引起的。

9. 先天性睾丸发育不全症核型为_____、_____；
先天性卵巢发育不全症核型为_____、_____。

10. 超雌体核型为_____；脆性 X 染色体综合征核型为_____。

11. 两性畸形可分为_____和_____。

【综合练习】

A1 型题

1. **49,XXXXX 的个体，X 染色质的数量为**
　　A. 1　　　　　　B. 2
　　C. 3　　　　　　D. 4
　　E. 5

2. **下列关于 X 染色质的叙述正确的是**
　　A. X 染色质保持着转录活性
　　B. X 染色质随机来自父亲或母亲
　　C. 一个人有多少条 X 染色体就有多少

个 X 染色质

D．X 染色质出现于胚胎发育后期

E．X 染色质的数目 − X 染色体数目 +1

3. 染色体处于有丝分裂，哪个时期的形态最清楚

A．前期　　　　　　　　B．中期

C．后期　　　　　　　　D．末期

E．间期

4. **21 号染色体是属于下列哪组中的染色体**

A．B 组　　　　　　　　B．C 组

C．D 组　　　　　　　　D．E 组

E．G 组

5. **下列关于 C 组染色体的叙述错误的是**

A．中等大小

B．染色体之间难以辨别

C．女性的 C 组包括 15 号染色体

D．编号从 6 至 12，还有 X 染色体

E．都是亚中着丝粒染色体

6. **核型为 47,XXX 的个体染色体畸变类型为**

A．三倍体　　　　　　　B．三体型

C．嵌合体　　　　　　　D．多体型

E．单体型

7. **46,XY,5p − 个体的发病原因是**

A．染色体缺失　　　　　B．染色体倒位

C．染色体重复　　　　　D．染色体易位

E．染色体丢失

8. **一个个体含有两种以上核型不同的细胞系称为**

A．三倍体　　　　　　　B．三体型

C．嵌合体　　　　　　　D．多体型

E．多倍体

9. **嵌合体形成的原因可能是**

A．生殖细胞形成过程中发生了染色体不分离

B．生殖细胞形成过程中发生了染色体丢失

C．双雄受精或双雌受精

D．卵裂过程中发生了联会的同源染色体不分离

E．卵裂过程中发生了染色体丢失

10. **染色体结构畸变的基础是**

A．染色体丢失

B．姐妹染色单体交换

C．染色体核内复制

D．染色体断裂

E．染色体不分离

11. **需用核型分析方法诊断的疾病是**

A．红绿色盲

B 家族性多发性结肠息肉

C．先天性聋哑

D．白化病

E．先天性卵巢发育不全症

12. **Klinefelter 综合征的临床表现有**

A．蹼颈、后发际低、盾状胸、乳距宽、肘外翻

B．身材高大、性格暴躁、常有攻击行为

C．表型男性、乳房发育、小阴茎、隐睾

D．习惯性流产

E．长脸方额、大耳、大睾丸、性格孤僻、行为被动

（游振伟）

第十章　基因的本质和作用

【知识要点】

一、基　因

1. 基因的概念、种类、结构：

(1) 概念：基因是具有某种特定遗传效应的 DNA 片段，是遗传的基本单位。基因的化学本质是 DNA，一个 DNA 分子上包含着许许多多的基因，所以染色体是基因的载体，基因位于染色体上。

(2) 种类：① 按基因在细胞内分布的部位，分为细胞核基因和细胞质基因；② 按基因的功能，分为结构基因、调控基因和只转录不翻译的基因。

(3) 结构：与原核细胞的基因不同，真核细胞的基因为断裂基因，由编码区和非编码区两部分组成。

2. 基因的功能：① 遗传信息的储存；② 基因的复制；③ 基因的表达。

基因经转录产生的三种 RNA 最初无活性，必须经过一个复杂的加工修饰过程才能具备各自的功能。翻译是一个极其复杂而又协调的过程，参与翻译过程的物质主要有：mRNA、tRNA、核糖体、各种氨基酸及有关的酶等。DNA、RNA、蛋白质三者间的关系可表示为：

$$\text{基因} \xrightarrow{\text{转录}} \text{RNA} \xrightarrow{\text{翻译}} \begin{cases} \text{酶} \longrightarrow \text{催化体内代谢反应，表现出生理生化特性} \\ \text{蛋白质} \longrightarrow \text{构成生物体结构物质} \end{cases} \longrightarrow \text{性状}$$

二、人类基因组

1. 染色体组和基因组：

(1) 染色体组：指二倍体生物的生殖细胞中所包含的全部染色体。

(2) 基因组：指一个染色体组中所包含的全部基因，但对于有性别差异的生物而言，其基因组应是该个体的一整套基因信息。如人类的细胞核基因组就应包括 22 条常染色体和 X、Y 两条性染色体上的全部基因信息。

2. 细胞核基因组：根据基因组 DNA 序列重复出现的频率不同，将基因组 DNA 序列分为单一序列和重复序列，它们的区别见表 10-1。

3. 线粒体基因组：线粒体是一种半自主性的细胞器，它自身只含有 37 个基因，线粒体中的大多数蛋白质是由核基因编码并在细胞质中合成的，所以线粒体对核基因的依赖性很大。

4. 细胞核基因与线粒体基因的特点比较：见表 10-2。

表 10-1 单一序列、中度重复序列、高度重复序列三者之间的区别

类 别	拷贝数	含 量	功 能
单一序列	一个或几个	60%~70%	编码蛋白质和酶
中度重复序列	$10^2 \sim 10^5$ 个	30%~40%	多数只转录，不编码蛋白质，起调控作用
高度重复序列	> 10^5 个		不转录，不翻译，维持染色体的稳定性，减数分裂时参与联会

表 10-2 细胞核基因与线粒体基因的特点比较

类 别	内含子	基因间的间隔顺序	突变率	终止密码子	母系遗传
细胞核基因	有	有	低	UAG.UGA.UAA	不是
线粒体基因	无	无	高	UAA.UGA.AGU.AGG	是

三、基因突变

1. 基因突变的概念：

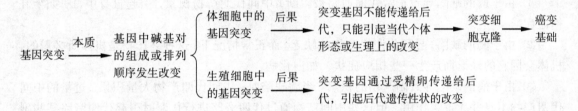

2. 基因突变的特性：

(1) 多向性：复等位基因产生的基础。

(2) 可逆性：人类中出现的返祖现象可从这里找到答案。

(3) 有害性：基因突变的后果，可导致遗传病的发生，但突变基因并非都是有害的，大多数情况下，突变基因是中性的，即既无有利的效应，也无有害的效应，这些中性突变基因的存在使得生物界出现了千姿百态的景象，人与人之间才会出现诸多的差异。

(4) 稀有性：从反面再次证明，基因是相当稳定的。

3. 基因突变的因素：

(1) 物理因素：各种电离射线及紫外线等。

(2) 化学因素：化工废料（废水、废气、废渣等）、一碱基类似物、吖啶类物质。

(3) 生物因素：某些病毒等。为防止基因突变，人们应增强环保意识，避免与诱变剂长期接触。

4. 基因突变的分子机制：基因突变主要是通过碱基置换和移码突变来实现的。

(1) 碱基置换包括转换和颠换。

(2) 移码突变则是在基因的碱基序列中插入或缺失 1 个或几个碱基对，但不是 3 个或 3 的倍数时，才会发生。移码突变的后果是导致插入或缺失点及以后的所有密码子均发生改变。而如果基因的碱基序列中同时插入或缺失 3 个碱基对或 3 的倍数时，只会在插入或缺失点处增加或缺失一个或几个密码子，在插入或缺失点以后的密码子均不会发生改变。

5. DNA 损伤的修复：

高等生物中 DNA 损伤修复的方式主要有两种：切除修复和重组修复。两者之间的区别在于：通过切除修复，可将 DNA 损伤部位的脱氧核苷酸切除掉，以损伤处相应的互补链为模板合成一段新的互补链来填补 DNA 的缺口，因此，切除修复后的 DNA 分子是一个完全正常的、不含二聚体的 DNA 分子。重组修复则不能将亲代 DNA 分子中的二聚体除掉，而是随着 DNA 分子复制次数的增多，含有二聚体的损伤 DNA 在新产生的 DNA 分子总数中所占的比例越来越小，以至于无损于生物体的正常生理功能。

6. 基因突变的后果：① 分子病：导致蛋白质的合成在质或量上发生改变，直接引起机体功能障碍的疾病；② 先天性代谢缺陷：导致酶合成异常，从而使代谢紊乱，引起机体代谢障碍的疾病；③ 形成肿瘤：导致调节细胞周期、细胞凋亡等过程的蛋白质合成过量或减少，促使细胞无限制地增殖。

(1) 镰形细胞贫血症（HbS 病）：本病是分子病的一个典型代表，患者因 Hbβ 链 N 端第 6 位的谷氨酸被缬氨酸替代所致。

(2) 先天性代谢缺陷：此类疾病基本上都是隐性遗传病。其分子机制可从以下几点来理解：

① 由于酶的缺陷导致正常代谢通路被阻断，中间代谢产物积累，引起自身中毒，如半乳糖血症。

② 由于酶的缺陷，导致代谢终产物的缺乏。而正常情况下，这种终产物是机体所必需的，机体会因它的缺乏而产生一些相应症状，如白化病。

③ 由于酶的缺陷导致副产物的积累。当酶缺陷时，中间代谢产物大量积累，过量的中间代谢产物本身并无毒害作用，但这些中间产物通过代谢旁路进行代谢时引起代谢旁路某些副产物的堆积而对机体产生毒害作用，如苯丙酮尿症。

【课前预习】

一、基础复习
DNA 的组成、分子结构及功能。

二、预习目标
1. 基因按其在细胞内分布的部位，可分为 ＿＿＿＿＿＿＿＿和＿＿＿＿＿＿＿＿，前者位于＿＿＿＿＿＿＿＿＿，后者位于＿＿＿＿＿＿＿＿＿＿。按照基因的功能可将其分为＿＿＿＿＿＿＿＿、＿＿＿＿＿＿＿＿、＿＿＿＿＿＿＿和＿＿＿＿＿＿＿。

2. 基因的功能有＿＿＿＿＿＿＿＿、＿＿＿＿＿＿＿＿、＿＿＿＿＿＿＿。

【课后巩固】

一、名词解释
基因　断裂基因　外显子-内含子接头　外显子　内含子　启动子　增强子　终止子　复制子　密码子　遗传密码　翻译　操纵子　基因组　基因组医学　母系遗传　线粒体遗传病　基因突变　转换　颠换　同义突变　错义突变　无义突变

延长突变　移码突变　分子病　先天性代谢缺陷　顺式作用元件　反式作用因子

二、填空题

1. 真核细胞的基因结构包括＿＿＿＿＿＿和＿＿＿＿＿＿两个部分，前者包括＿＿＿＿＿＿、＿＿＿＿＿＿，后者包括＿＿＿＿＿、＿＿＿＿＿＿、＿＿＿＿＿＿。

2. 遗传信息流的传递方向，遵循＿＿＿＿＿＿＿＿＿＿＿＿＿＿＿＿＿＿＿。

3. 真核细胞 DNA 复制时，在每个 DNA 分子上形成许多个复制起始点，在起始点处形成＿＿＿＿＿＿，以 3′→5′ 链为模板进行＿＿＿＿＿＿＿＿＿＿方向的连续复制，形成的新链称为＿＿＿＿＿＿链；以 5′→3′ 为模板的链上合成的互补链称为＿＿＿＿＿＿链。

4. 在 DNA 的转录过程中，起模板作用的那条 DNA 单链称为＿＿＿＿＿，又称为＿＿＿＿＿。而与其互补的、不起模板作用的另一条 DNA 单链称为＿＿＿＿＿，又称为＿＿＿＿＿。

5. 真核细胞的基因在转录时，刚从反编码链上转录的 mRNA 前体称为＿＿＿＿＿＿，它须经过＿＿＿＿＿＿、＿＿＿＿＿＿和＿＿＿＿＿＿三个步骤才能形成成熟的 mRNA。

6. 在 mRNA 分子中，每＿＿＿＿个相邻的碱基组成一个密码子。mRNA 中的四种碱基可组合成＿＿＿＿＿＿种密码子，总称为＿＿＿＿＿＿。其中＿＿＿＿＿＿是起始密码子，＿＿＿＿＿、＿＿＿＿＿、＿＿＿＿＿是终止密码子。遗传密码还有＿＿＿＿＿、＿＿＿＿＿、＿＿＿＿＿＿等特性。

7. 遗传信息的翻译可大致分为四个阶段：＿＿＿＿＿＿、＿＿＿＿＿＿、＿＿＿＿＿＿、＿＿＿＿＿＿。

8. 在原核细胞的基因调控中，＿＿＿＿＿＿基因控制阻遏蛋白的合成，阻遏蛋白可与＿＿＿＿＿＿基因结合，从而控制结构基因的表达。结构基因经＿＿＿＿＿、＿＿＿＿＿和＿＿＿＿＿合成。

9. 人类基因组 DNA 序列按其重复频率的高低，可分为＿＿＿＿＿和＿＿＿＿＿，绝大多数编码蛋白质和酶的序列属于＿＿＿＿＿＿；多数能转录但不编码蛋白质（如 tRNA 基因）的序列属于＿＿＿＿＿＿；不能转录的序列属于＿＿＿＿＿＿。

10. 与细胞核基因相比，人类线粒体基因有以下特点：＿＿＿＿＿＿，＿＿＿＿＿＿，＿＿＿＿＿＿，＿＿＿＿＿＿。

11. 基因突变是指＿＿＿＿＿＿＿＿＿＿＿，也称＿＿＿＿＿＿，分为＿＿＿＿＿＿突变和＿＿＿＿＿＿突变。前者只能引起当代个体形态或生理上的改变，不能将突变基因传给下一代，但突变的细胞经有丝分裂而形成的克隆可构成＿＿＿＿＿的基础；后者可引起后代＿＿＿＿＿＿＿＿＿＿＿。

12. 基因突变的特性有＿＿＿＿＿、＿＿＿＿＿、＿＿＿＿＿、＿＿＿＿＿。

13. 人群中出现的"毛孩"，在遗传学上称此种现象为＿＿＿＿＿＿，这是由于基因突变的＿＿＿＿＿＿造成的。

14. 基因突变的方式有：＿＿＿＿＿＿和＿＿＿＿＿＿。

15. 碱基置换引起的基因突变主要有＿＿＿＿＿、＿＿＿＿＿、＿＿＿＿＿和＿＿＿＿＿四种类型。

16. 正常成年人的血红蛋白由＿＿＿＿条＿＿＿＿链和＿＿＿＿条＿＿＿＿链构成，前者由＿＿＿＿＿＿个氨基酸残基组成，后者由＿＿＿＿＿＿个氨基酸残基组成。HbS病是由于患者 Hb＿＿＿＿＿链＿＿＿＿＿端第＿＿＿＿＿位的＿＿＿＿＿＿＿＿被＿＿＿＿＿＿＿＿替代所致。

17．根据碱基互补规律和遗传密码表填写表10-3：

表 10-3　碱基互补规律及其遗传密码

DNA	5′	⋯	C			G			G			T		⋯	3′
	3′	⋯					C	T		A				A	C	5′
mRNA	5′	⋯		C	A	U				C	U		G		⋯ 3′
多肽链氨基酸顺序	N端	⋯		色氨酸											⋯ C端

18．高等生物 DNA 损伤修复的方式主要有＿＿＿＿＿＿＿＿和＿＿＿＿＿＿＿＿两种。

【综合练习】

A1 型题

1.下列关于基因的叙述，不正确的是

A．基因是 DNA 分子中具有某种遗传效应的片段

B．真核生物一个基因中外显子的数目等于内含子的数目加 1

C．基因可以随 DNA 的复制而复制

D．基因是稳定不变的

E．基因控制生物性状的发育

2.真核生物基因的组成部分是

A．编码区、启动子、增强子

B．内含子、外显子、启动子、增强子

C．编码区、外显子-内含子接头、侧翼顺序

D．编码区、侧翼顺序

E．内含子、外显子、启动子、终止子

3.外显子的含义是指真核细胞中

A．DNA 的调控基因

B基因中的非编码序列

C．基因中的编码序列

D．编码序列和非编码序列的总称

E．基因中的侧翼序列

4.内含子的含义是指真核细胞中

A．DNA 的调控基因

B．编码区中的非编码序列

C．编码区中的编码序列

D．G-AG 法则

E．基因中的侧翼序列

5.DNA 复制时，催化合成冈崎片段的酶是

A．DNA 解旋酶　　　B．DNA 聚合酶

C．RNA 聚合酶　　　D．连接酶

E．脱氢酶

6.关于基因的转录，下列说法不正确的是

A．转录时，只以反编码链为模板

B．转录时，只以编码链为模板

C．在真核细胞中，转录是在细胞核中进行的

D．在一个 DNA 分子中，各基因的反编码链并非是同一条 DNA 单链

E．转录的最初产物是 hnRNA

7.关于遗传密码的叙述，不正确的是

A．mRNA 中每三个相邻的碱基构成一个密码子

B．一种密码子只能决定一种氨基酸

C．一种氨基酸只有一个密码子

D．在 64 个密码子中有 3 个终止密码子

E．密码子无标点，不重叠

8.下列哪个是符合密码子 5′GUA3′ 的反密码子

A．5′CAU3′　　　　B．5′UAC3′

C．5′CAT3′　　　　D．5′AUG3′

E．5′TAC3′

9．查遗传密码表得知：脯氨酸的密码子是
5′CCG3′；甘氨酸的密码子是 5′GGC3′；
精氨酸的密码子是 5′AGA3′；丙氨酸的密
码子是 5′GCC3′；异亮氨酸的密码子是
5′AUA3′。一个 tRNA 的反密码子是
5′CGG3′，它能转运的氨基酸是

A．脯氨酸　　　　B．精氨酸

C．丙氨酸　　　　D．甘氨酸

E．异亮氨酸

10．下列叙述不正确的是

A．反转录是以 DNA 的一条链为模板，
互补合成 RNA

B．反转录需要有反转录酶催化

C．并非所有的 RNA 病毒都进行反转录

D．进行反转录的病毒均为 RNA 病毒

E．能进行反转录的病毒可能有致癌作用

11．操纵子是指

A．操纵基因和调节基因

B．调节基因和结构基因

C．操纵基因和它相邻的结构基因

D．操纵基因和它相邻的启动子

E．启动子、操纵基因及其相邻的结构基因

12．核糖体上可供氨基酰 tRNA 附着的位置有

A．1 个　　　　B．2 个

C．3 个　　　　D．4 个

E．5 个

13．原核细胞基因调控系统中，能转录、合成
阻遏蛋白的基因是

A．启动子　　　　B．操纵基因

C．结构基因　　　　D．调节基因

E．操纵子

14．与阻遏蛋白结合的基因是

A．启动子　　　　B．操纵基因

C．结构基因　　　　D．调节基因

E．操纵子

15．原核细胞基因调控系统中，能转录 RNA

并指导合成有功能的酶的基因是

A．启动子　　　　B．操纵基因

C．结构基因　　　　D．调节基因

E．操纵子

16．基因组通常是指

A．一条染色体中的全部基因

B．细胞中所含的全部基因

C．一个个体所含的全部基因

D．一个染色体组中所含的全部基因

E．同源染色体上所含的全部基因

17．以下关于线粒体基因组的叙述，不正确的是

A．基因排列紧凑，无内含子

B．有些基因之间无间隔

C．基因的突变率低

D．个别密码子与细胞核基因的密码子
不同

E．表现为母系遗传

18．基因突变是指

A．染色体数目的变化

B．染色体结构的变化

C．蛋白质结构的变化

D．碱基对的组成或排列顺序的改变

E．染色体上基因发生重组

19．人类中出现的返祖现象是由下列基因突变
的哪种特性引起的

A．基因突变的多向性

B．基因突变的可逆性

C．基因突变的有害性

D．基因突变的稀有性

E．基因突变的重复性

20．复等位基因产生的基础是

A．基因突变的多向性

B．基因突变的可逆性

C．基因突变的有害性

D．基因突变的稀有性

E．基因突变的重复性

21．下列哪种情况属于转换

A．T—A→C—G

B．G—C→T—A

C．A—T→C—G

D．C—G→A—T

E．A—U→C—G

22．下列哪种情况属于颠换

　　A．T—A→C—G

　　B．G—C→T—A

　　C．A—T→G—C

　　D．G—C→A—T

　　E．C—G→T—A

23．在一个 **DNA** 片段中发生哪种变化可引起移码突变

　　A．一个碱基对的转换

　　B．三个碱基对的重复

　　C．三个碱基对的缺失

　　D．一个碱基对的插入

　　E．一个碱基对的颠换

24．**DNA** 分子中因一个碱基对的插入或丢失所引起的改变可以

　　A．只引起突变点所在的密码子成分的改变

　　B．引起突变点以前的所有密码子成分的改变

　　C．引起突变点及其以后所有密码子成分的改变

　　D．引起全部遗传信息所含的密码子成分的改变

　　E．引起除突变点以外所有密码子成分的改变

25．镰形红细胞贫血的根本原因在于基因突变，其基因突变的方式是

　　A．某一个碱基对发生置换

　　B．增添了某个碱基对

　　C．缺失了某个碱基对

　　D．增添了一小段 DNA

　　E．缺失了一小段 DNA

26．先天性代谢缺陷最常见的遗传方式是

　　A．MF（多基因遗传）　　B．AD

C．AR　　　　　　　　D．XR

E．XD

27．苯丙酮尿症产生的原因是由于患者体内缺乏下列哪种酶

　　A．苯丙氨酸羟化酶　　B．酪氨酸酶

　　C．尿黑酸氧化酶　　　D．多巴脱羟酶

　　E．转氨酶

28．白化病产生的原因是由于患者体内缺乏下列哪种酶

　　A．苯丙氨酸羟化酶　　B．酪氨酸酶

　　C．尿黑酸氧化酶　　　D．多巴脱羟酶

　　E．转氨酶

29．异常 **Hb** 产生的原因不包括下列哪种

　　A．无义突变　　　　　B．错义突变

　　C．同义突变　　　　　D．延长突变

　　E．移码突变

30．**Hb** 病是由于 **Hb** 中的 β 链 N 端第 6 位上的谷氨酸被另一种氨基酸替代所致，这种氨基酸是

　　A．亮氨酸　　　　　　B．组氨酸

　　C．苏氨酸　　　　　　D．缬氨酸

　　E．脯氨酸

31．由于基因突变导致蛋白质分子结构或数量异常，这些异常蛋白可以直接引起机体功能障碍，这类疾病称为

　　A．遗传病　　　　　　B．基因病

　　C．分子病　　　　　　D．遗传性酶病

　　E．隐性遗传病

32．基因突变可导致某种酶在质和量上发生改变，由此而引起的疾病称为

　　A．分子病　　　　　　B．遗传性酶病

　　C．基因病　　　　　　D．遗传病

　　E．先天性疾病

33．尿黑酸尿症患者体内缺乏的是

　　A．苯丙氨酸羟化酶　　B．酪氨酸酶

　　C．脱氢酶　　　　　　D．酪氨酸脱羧酶

　　E．尿黑酸氧化酶

（游振伟）

第十一章 肿瘤与遗传

【知识要点】

肿瘤是一种体细胞遗传病，由于环境中存在的一些物理、化学和生物致癌因子，直接或间接作用于体细胞的遗传物质，引起染色体或基因的改变，导致细胞生长分裂失去正常调控，无限增值形成。

一、肿瘤发生中的遗传因素

1. 肿瘤发病率的种族差异：某些肿瘤的发病率在不同种族间有显著差异，这种发病率的差异主要是遗传差异。

2. 肿瘤的家族聚集现象：肿瘤的遗传表现为易患肿瘤的倾向性的遗传，即肿瘤在一个家系中具有遗传的倾向性，主要表现为癌家族和家族性癌。

(1) 癌家族：指一个家系中恶性肿瘤的发病率高（约 20%），发病年龄较早，肿瘤发生的部位各不相同，通常按常染色体显性方式遗传。

(2) 家族性癌：指一个家族内多个成员患同一类型的肿瘤。

3. 遗传性癌前病变：有些单基因遗传病有不同程度的恶性肿瘤倾向，它们通常以常染色体显性方式遗传。

(1) 家族性结肠息肉（FPC）：呈常染色体显性遗传，在人群中的发病率为 1/8 000，表现为青少年时结肠和直肠已有多发性腺瘤性息肉，40 岁前多恶变为结肠腺癌。

(2) I 型神经纤维瘤（NF1）：是一种常染色体显性遗传病，发病率为 1/3 500。患者沿躯干的外周神经有多发的神经纤维瘤，皮肤上则可见多个浅棕色的"牛奶咖啡斑"，腋窝有广泛的雀斑，有少数患者肿瘤还可恶变为神经纤维肉瘤、皮肤鳞癌等。

4. 遗传性恶性肿瘤：有些恶性肿瘤是由单个基因的异常引起的，以孟德尔方式遗传，临床上多呈常染色体显性遗传，属遗传性恶性肿瘤，发病早，往往为双侧性或多发性。

(1) 视网膜母细胞瘤（RB）：为眼球视网膜的恶性肿瘤，多见于幼儿，大部分患者 2 岁前就诊，发病率为 1/20 000 ~ 1/25 000。临床表现为肿瘤侵入玻璃体内，导致瞳孔出现黄白色光反射，称为"猫眼"，症状随肿瘤大小而变化，可有虹膜异色、白瞳、继发青光眼、眼球凸出、失明及出现头痛、眼痛等。肿瘤的恶性程度很高，可随血液循环转移，也能直接侵入颅内。视网膜母细胞瘤可分为遗传型和散发型。

(2) 神经母细胞瘤（neuroblastoma）：一种常见于儿童的恶性胚胎瘤，活婴中的发病率为 1/10 000。为常染色体显性遗传性肿瘤，可有外显不全。

5. 染色体不稳定综合征：人类有些以体细胞染色体易断裂为特征的疾病或综合征，具有易患肿瘤的倾向，表明肿瘤与染色体不稳定之间有某种联系，这类疾病统称为染色体不稳定综合征，多具有常染色体隐性、显性或 X 连锁隐性遗传方式。

(1) Bloom 综合征（BS）：患者身材矮小，对日光敏感，面部常有毛细血管扩张性红斑（蝴蝶斑）。患者免疫功能缺陷，肿瘤易感性升高，多在 30 岁前发生白血病和其他恶性肿瘤。染色体不稳定或基因组不稳定是 Bloom 综合征患者细胞遗传学的显著特征。患者外周血培养细胞中可以看到各种类型的染色体断裂、重排和染色体单体型交换，其姐妹染色单体交换率比正常人高 10 倍。主要原因是患者 DNA 修复酶系统有缺陷，不能修复 DNA 复制过程中出现的异常结构，导致染色体断裂和 SCE。

(2) 着色性干皮病（XP）：一种罕见的致死性的常染色体隐性遗传病，发病率为 1/250 000。患者皮肤对紫外线特别敏感，易发生皮疹和色素沉着等，可发展恶化为鳞状上皮癌、恶性黑色素瘤、皮肤基底细胞癌及白血病等，常见于 20 岁前死于癌转移。患者染色体自发断裂率在紫外线照射后明显上升，细胞也很容易死亡，存活下来的细胞由于 DNA 修复酶的缺陷而不能正常修复，常导致血管瘤、基底细胞瘤等肿瘤发生。

6. 肿瘤的遗传易感性：有些遗传性肿瘤或癌前病变在更多情况下遗传的只是肿瘤的易感性，即易感基因，在个体易感状态下才发生体细胞突变，形成肿瘤细胞。个体的肿瘤遗传易感性既包括染色体水平的改变，也包括基因水平的改变，它们可能通过免疫、生化和细胞分裂的机制促进肿瘤发生。

(1) 免疫缺陷导致肿瘤易感性：免疫缺陷能使突变细胞逃脱免疫监视而发展称为肿瘤。许多免疫缺陷患者都有易患肿瘤的倾向，恶性肿瘤的发病率比正常人高得多，显示了其遗传易感性。

(2) 环境中致癌剂的代谢异常导致肿瘤易感性：大多数肿瘤患者是在其生命过程中接触了环境中的致癌物质，使基因发生突变，导致癌症

发生的。这些物质进入机体后，机体将对其进行代谢处理，产生可与核酸或蛋白质起作用的最终致癌物，此过程称致癌物的代谢异常。如果遗传基础决定活化过程起关键作用的酶系统缺乏或酶活性异常增高，就会导致代谢异常，从而使肿瘤的发病风险出现明显变化。

二、肿瘤的染色体异常

干系：一些染色体畸变是致死性的，而另一些畸变却能使细胞获得生长优势，逐渐形成占主导地位的细胞群体。

众数：干系肿瘤细胞的染色体数目。

旁系：在肿瘤中占非主导地位的其他核型的细胞系。

1. 肿瘤的染色体数目异常：正常人体细胞为二倍体细胞，肿瘤细胞多数为非整倍体。

(1) 超二倍体与亚二倍体：肿瘤细胞染色体的增多或减少并不是随机的。如许多肿瘤比较常见的是 8、9、12 和 21 号染色体的增多或 7、22、Y 染色体的减少。

(2) 多倍体：肿瘤细胞染色体增加的通常不是完整的倍数，故称为高异倍性。

2. 肿瘤的染色体结构异常：人类肿瘤细胞中发现的 3 152 种染色体结构异常，包括易位、倒位、缺失、重复、环状染色体和双着丝粒染色体等各种类型。结构异常的染色体又称为标记染色体，分为非特异性和特异性两种。

(1) Ph 染色体：由 Nowell Hungerford 于 1960 年发现。在慢性粒细胞性白血病（CML）患者的外周血淋巴细胞中有一个小于 G 组的异常染色体，由于首先在美国费城（Philadelphia）

发现，故命名为 Ph 染色体。经显带证明是 9 号和 22 号染色体长臂易位的结果。Ph 染色体的临床意义在于：大约 95%的慢性粒细胞性白血病病例都是 Ph 染色体阳性，因此它可以作为诊断的依据，也可以用来区别临床上相似但 Ph 染色体为阴性的其他血液病。有时 Ph 染色体先于临床症状出现，故又可用于早期诊断。

(2) 14q+：在 90% 的 Burkitt 淋巴瘤病例中可以见到一个长臂增长的 14 号染色体（14q+）和一个长臂变短的 8 号染色体（8q-）。这是由于发生了染色体易位，8 号染色体长臂末端的一段（8q24）易位到了 14 号长臂末端（14q32），而 14 号染色体的断片易位到 8 号染色体，形成了 8q-和 14q+两个异常染色体。14q+即为 Burkitt 淋巴瘤的特异标记染色体。

三、肿瘤发生的遗传机制

1. 体细胞突变：肿瘤是一种体细胞遗传病，致癌因子直接或间接作用于体细胞的遗传物质，引起染色体或基因的改变，导致细胞生长分裂失去正常调控，无限增殖形成肿瘤。

(1) 单克隆起源学说：肿瘤是由单个突变细胞增殖而来的，即肿瘤是突变细胞的单克隆增殖细胞群。肿瘤细胞学的研究发现，几乎所有肿瘤都是单克隆起源，即患者的所有肿瘤细胞都起源于一个前体细胞。起初是一个关键的基因突变或一系列相关事件导致单一细胞向肿瘤细胞转化，随后产生不可控制的细胞增殖，最终形成肿瘤。

(2) 两次突变学说：一些细胞的恶性转化需要两次或两次以上的突变，第一次突变可能发生在体细胞，也可能发生在生殖细胞或由父母遗传得来，为合子前突变；第二次突变均发生在体细胞本身。

2. 癌基因和肿瘤抑制基因：大多数的环境致癌因子如饮食、病毒、化学物质、放射线的致癌作用都是通过影响遗传基因起作用的，即肿瘤实际上是细胞中多种基因突变累积的结果。

(1) 癌基因：是存在于人体、动物细胞内和致瘤病毒内能引起细胞恶性转化的核苷酸片段。癌基因分为两大类：① 来自病毒的称为病毒癌基因，即存在于病毒基因组内的癌基因；② 来自细胞的称为细胞癌基因，即存在于正常细胞基因组内的癌基因，也称原癌基因。

(2) 肿瘤抑制基因：又称为抑癌基因或抗癌基因，它们的功能是抑制细胞的生长和促进细胞的分化。如果说原癌基因的产物助长了细胞的生长，那么肿瘤抑制基因则对细胞的异常生长和恶性转化起抑制作用。原癌基因的突变是显性的，而大多数肿瘤抑制基因的突变表现为隐性，当肿瘤抑制基因的两个等位基因都因突变或缺失而丧失功能，即处于纯合失活状态时，细胞就会因正常抑制的解除而恶性转化。

【课前预习】

一、基础复习

1. 癌家族、家族性癌、原癌基因、癌基因。
2. 肿瘤发生的遗传机制。

二、预习目标

1. 癌家族是指＿＿＿＿＿＿＿＿＿＿＿＿＿＿＿＿＿＿＿＿＿＿＿＿＿＿＿＿。
2. 家族性癌是指＿＿＿＿＿＿＿＿＿＿＿＿＿＿＿＿＿＿＿＿＿＿＿＿＿＿＿。

【课后巩固】

一、名词解释

癌家族　家族性癌　干系　众数　旁系　标记染色体　Ph 染色体　癌基因　原癌基因　肿瘤抑制基因　单克隆起源学说

二、填空题

1. 环境中存在着一些_____、_____和_____的致癌因子，它们在一定条件下可以诱发肿瘤。

2. 一个家族中有多个成员患同一种恶性肿瘤，则该肿瘤称为该家族的_____。

3. 某些肿瘤在不同人种中的发病率不同，这种现象说明肿瘤的发病存在_____。

4. 一个家系中恶性肿瘤发病率高（约 20%），发病年龄早，呈常染色体显性遗传，这种家族称为_____。

5. 根据二次突变学说，第二次突变发生_____。

6. 大多数恶性肿瘤细胞的染色体为_____，而且在同一肿瘤内染色体数目可以不断演变。

7. 在一个恶性肿瘤中占主导地位的细胞群构成_____。此外，还存在非主导细胞群，称为_____。

8. 肿瘤细胞内结构异常的染色体称为_____，可分为_____和_____两类。

9. 约 95% 的慢性粒细胞性白血病患者具有_____，可作为白血病诊断依据之一。

10. 在一个正常细胞恶性转化的过程中，必须经过_____的细胞突变。

11. 根据两次突变学说，遗传型视网膜母细胞瘤患者细胞中的第一次突变发生在_____,非遗传型视网膜母细胞瘤患者细胞中的第一次突变发生在_____。

12. 遗传型肿瘤的发生具有_____、_____、_____等特点，非遗传型肿瘤的发生具有_____、_____、_____等特点。

13. 原癌基因的激活途径有：_____、_____、_____、_____。

【综合练习】

A1 型题

1. 癌家族恶性肿瘤发病率和发病年龄的特点是

　A. 发病率高，年龄大

　B. 发病率低，年龄大

　C. 发病率高，年龄小

　D. 发病率低，年龄大

　E. 以上均不是

2. 家族性癌在家族中有

　A. 隔代遗传现象

B. 交叉遗传现象

C. 伴性遗传现象

D. 限性遗传现象

E. 聚集现象

3. 干系肿瘤细胞的染色体数目称为

　　A. 系数　　　　　　　B. 众数

　　C. 常数　　　　　　　D. 恒数

　　E. 总数

4. 慢性粒细胞性白血病的标记染色体是

　　A. t(9;22) (q34;qll)

　　B. del(13) (q14)

　　C. del(11) (p13)

　　D. del(1) (p36)

　　E. t(8;14) (q24;q32)

5. **Burkitt** 淋巴瘤的标记染色体是

　　A. t(9;22) (q34;qll)

　　B. del(13) (q14)

　　C. del(11) (p13)

　　D. del(1) (p36)

　　E. t(8;14) (q24;q32)

6. 遗传型视网膜母细胞瘤的临床特点是

　　A. 发病早，单侧发病

　　B. 发病早，双侧发病

　　C. 发病晚，单侧发病

　　D. 发病晚，双侧发病

　　E. 以上均不是

7. 非遗传型视网膜母细胞瘤的临床特点是

　　A. 发病早，单侧发病

　　B. 发病早，双侧发病

　　C. 发病晚，单侧发病

　　D. 发病晚，双侧发病

　　E. 以上均不是

8. 遗传型视网膜母细胞瘤的第二次突变发生在

　　A. 受精卵　　　　　　B. 卵细胞

　　C. 精子　　　　　　　D. 原癌细胞

　　E. 体细胞

9. 非遗传型视网膜母细胞瘤的第一次突变发

生在

　　A. 受精卵　　　　　　B. 卵细胞

　　C. 精子　　　　　　　D. 原癌细胞

　　E. 体细胞

10. 着色性干皮病是

　　A. 常染色体显性遗传

　　B. 常染色体隐性遗传

　　C. X 连锁显性遗传

　　D. X 连锁隐性遗传

　　E. 多基因遗传

11. **RB 基因是**

　　A. 癌基因

　　B. 肿瘤抑制基因

　　C. 原癌基因

　　D. 肿瘤转移基因

　　E. 肿瘤转移抑制基因

12. **RB 基因处于哪种状态可导致肿瘤的发生**

　　A. 显性纯合子

　　B. 隐性纯合子

　　C. 杂合子

　　D. 显性纯合子或杂合子

　　E. 隐性纯合子或杂合子

13. 肿瘤抑制基因处于哪种状态可抑制肿瘤的

发生

　　A. 显性纯合子

　　B. 隐性纯合子

　　C. 杂合子

　　D. 显性纯合子或杂合子

　　E. 隐性纯合子或杂合子

14. 抑制细胞分裂的基因是

　　A. 癌基因　　　　　　B. 肿瘤抑制基因

　　C. 调节基因　　　　　D. 管家基因

　　E. 操纵基因

15. 着色性干皮病患者，癌变细胞内缺陷的酶是

　　A. DNA 连接酶　　　　B. DNA 聚合酶

　　C. DNA 修复酶　　　　D. DNA 内切酶

　　E. 外切酶

（何冬梅）

第十二章　遗传病的诊断、治疗与预防

【知识要点】

一、遗传病的诊断

遗传病的诊断：对某种疾病做出诊断并确定其是否为遗传性疾病。

1. 临床诊断：听取患者的主诉，询问病史，检查症状和体征，进行必要的实验室检查和辅助器械检查，建立初步的临床诊断。

(1) 在询问病史时，除一般病史外，应着重询问患者的家族史、婚姻史和生育史。

(2) 遗传病既有与其他疾病相同的症状和体征，又有其本身特异的综合征，可为准确诊断提供初步线索。例如：

① 智力发育不全伴有特殊鼠臭味尿液，提示苯丙酮尿症。

② 智力低下，伴有眼间距宽、眼裂小、外眼角上斜等体征可考虑先天愚型。也有许多遗传病的症状和体征特异性并不明显，此时若仅凭症状、体征资料作出诊断是有一定困难的，因此必须结合其他诊断手段进行综合分析。

2. 系谱分析：是诊断遗传病的重要环节，通过系谱分析，可以判断患者是否有遗传病，并确定遗传方式及家系中各成员的基因型，预测后代发病风险，进行婚姻和优生指导。

系谱分析的注意事项：

(1) 询问时，要态度和蔼，向其说明了解病史和家族史的意义。

(2) 采集家族史时，对每个家庭成员都要做详细记录；对死亡者必须查清死亡原因；要查清有无近亲结婚；有无死胎、流产史等；还应了解家族中表型正常的携带者。

(3) 分析显性遗传病时，应特别注意延迟显性现象以及因外显不全而出现的隔代遗传现象。

(4) 注意新发生的基因突变。在个别系谱中，如仅有一个先证者，应认真分析是常染色体隐性遗传所致还是新的基因突变所致。

(5) 由于遗传异质性的存在，可能将不同遗传方式引起的遗传病误认为同一种遗传病。

(6) 家系小会出现偏依现象。预测子女发病风险时应校正因小样分析带来的统计学偏差。

3. 细胞遗传学检查：主要适用于染色体畸变综合征的诊断，分染色体检查和性染色质检查两种情况。

(1) 染色体检查：即核型分析，是确诊染色体病的主要方法。

一般规定出现下列情况之一时，应进行染色体检查：

① 有明显的智力发育不全、生长迟缓或伴有其他先天畸形者。

② 夫妇之一有染色体异常，如平衡易位携带者、结构重排、嵌合体等。

③ 已生育过染色体异常或先天畸形儿的夫妇。

④ 有反复多次早期流产史的夫妇。

⑤ 原发闭经和女性不孕症患者。

⑥ 无精子症和男性不育症患者。

⑦ 性腺及外生殖器发育异常。

⑧ 长期接触致畸致、突变物质的人员。

⑨ 恶性肿瘤，尤其是恶性血液病患者。

⑩ 35 岁以上的高龄孕妇。

(2) 性染色质检查：包括 X 染色质和 Y 染色质检查，主要用于两性畸形或性染色体数目异常所致疾病的初步诊断和产前诊断。

① 正常女性核型为 46,XX，细胞核中有 1 个 X 染色质，Y 染色质检测为阴性；正常男性核型为 46,XY，细胞核中有 1 个 Y 染色质，X 染色质检测为阴性。

② 核型为 45,X 的女性无 X 染色质，无 Y 染色质；核型为 47,XXY 的男性有 1 个 X 染色质，1 个 Y 染色质。

③ 真两性畸形患者（46,XX|46,XY）X 和 Y 染色质均为阳性。

4. 生化检查：是通过生化手段定性、定量地分析机体中的蛋白质、酶及其代谢产物来临床确诊某些单基因病的主要方法。

5. 基因诊断：是利用分子生物学技术，直接从基因水平（DNA 或 RNA）检测基因的结构及其表达水平，从而对疾病作出诊断。

6. 皮纹分析：皮纹是由皮肤上某些特定部位，如手指、手掌、脚趾、脚掌等处皮肤的真皮乳头向表皮突出，形成整齐的嵴和沟，嵴和沟在皮肤表面形成特殊的纹理图形。染色体病患者的皮纹常出现特殊的变异，因此皮纹分析可作为遗传病诊断的辅助手段。

7. 产前诊断：又称宫内诊断，是对胚胎或胎儿在出生前是否患有某种遗传病或先天畸形作出的诊断，是防止遗传病和先天畸形患儿出生的最可行、有效的方法。

(1) 产前诊断的对象：

① 35 岁以上的高龄孕妇。

② 夫妇一方有染色体畸变，或曾生育过染色体异常患儿的孕妇。

③ 曾生育过单基因遗传病患儿的孕妇、已知或推测为 AR 或 XR 遗传病携带者的孕妇。

④ 夫妇一方有开放性神经管畸形，或出生过这种畸形儿的孕妇。

⑤ 有原因不明的自然流产史、畸形史、死胎及新生儿死亡史的孕妇。

⑥ 具有遗传病家族史且系近亲婚配的孕妇。

⑦ 早期服用过致畸药物的孕妇或夫妇一方有致畸因素接触史。

⑧ 宫内生长发育迟缓或疑为严重宫内感染的孕妇。

(2) 产前诊断的方法：目前临床上常用的产前诊断方法有四类：物理学诊断、细胞遗传学检查、生物化学方法和分子生物学方法。

① 细胞遗传学检查、生物化学方法、分子生物学方法都需要通过绒毛取样或羊膜穿刺取样，然后再做进一步检查。绒毛取样一般于妊娠 7～9 周进行，羊膜穿刺术于妊娠 16～20 周进行。

② 物理学诊断方法主要是利用 B 超诊断仪和胎儿镜对胎儿形态进行直接观察。

二、遗传病的治疗

1. 手术治疗：遗传病发展到出现明显的临床症状，尤其是器官组织已出现损伤时，可用手术方法对病损器官进行切除、修补、整形或移植，能有效缓解或改善患者的症状。

2. 药物治疗：原则是"补其所缺，去其所余"。根据治疗的时期不同分为出生前治疗、症状前治疗和临床治疗。

3. 饮食治疗：对酶缺乏不能对底物进行正常代谢的患者，通过制定特殊的食物或配制一定药物，可限制底物的摄入量以达到治疗的目的。饮食治疗遗传病的原则是：禁其所忌。

4. 宫内治疗：是胎儿出生前在母亲子宫内的治疗。对某些遗传病，在母亲怀孕期间就开始进行治疗，可使患儿的症状有所改善。

5. 基因治疗：是指运用重组 DNA 技术，将正常基因导入有缺陷基因的患者细胞中去，使细胞恢复正常功能，达到根治遗传病的目的。

(1) 基因治疗的策略：

① 基因替代：采用 DNA 重组技术，用功能正常的基因去代替治病基因，把致病基因全部除去。

② 基因修正：将致病基因的突变碱基序列纠正，正常部分予以保留。

③ 基因增强：将目的基因导入疾病细胞或其他细胞，目的基因表达产物可补偿缺陷细胞的功能或者加强其原有的功能，但致病基因本身没变。

④ 基因抑制或基因失活：导入外源基因来抑制有害基因的表达。

(2) 基因治疗的种类：

① 生殖细胞基因治疗：将正常基因转移到患者的生殖细胞中去，使有遗传缺陷的基因得以纠正，发育为正常个体。

② 体细胞基因治疗：把正常的目的基因转移到患者的体细胞中，并在细胞中进行表达，以达到治疗的效果。

三、遗传病的预防

对于遗传病，实行以预防为主，避免有遗传缺陷的患儿出生，对降低遗传病发病率、提高人口素质具有重要意义。

遗传病预防的主要环节包括：

1. 避免接触致畸因子：环境污染不仅会引起一些严重的疾病，如肿瘤，而且还会造成人类遗传物质的损伤并传递给下一代，所以应避免接触各种致畸因子。致畸因子主要分物理、化学和感染因子三类。

2. 遗传病群体普查。

3. 遗传携带者的检出：遗传携带者指表型正常，但带有致病基因或异常染色体的个体。一般包括隐性遗传病的杂合子、显性遗传病的未显者或迟发外显者、染色体平衡易位的个体。由于携带者本身无临床症状，却可将致病基因或异常染色体传给下一代而导致发病率的增加，所以携带者检出在遗传病的预防上具有重要意义。

携带者检出的方法：

(1) 系谱分析法：根据系谱图确定遗传病的遗传方式，再根据遗传学规律确定家系中每个成员的基因型，检出携带者。

(2) 实验室检查：对可疑携带者进行实验室检查，以确定其是否为肯定携带者，从而进行婚育指导，预防患儿的出生。

实验室检查的主要方法：

① 细胞水平的检测：主要包括染色体核型分析和组织学观察。

② 生化水平的检测：适用于隐性遗传病尤其是先天性代谢缺陷病杂合子的检出，可以采用酶活性测定或底物负荷实验来检测。

③ 分子水平的检测：利用 DNA 或 RNA 分析技术直接检测致病基因或突变基因，从而检出杂合子。

四、婚姻指导及生育指导

对遗传病患者及其亲属进行婚姻和生育指导可有效预防患儿出生，减少群体中致病基因出现的频率。

五、新生儿筛查与症状出现前预防

新生儿筛查是在新生儿期，对某些遗传病特别是先天性代谢病进行症状前诊断，以尽早开始有效治疗，防止发病或减轻症状。

六、遗传咨询

遗传咨询也称遗传商谈，是咨询医生与咨询者就某种遗传病的发病原因、遗传方式、诊断、预防、治疗、再发风险等问题进行一系列讨论和商谈，寻求最佳对策并合理解决的全过程。

1. 遗传咨询的对象：

(1) 本人或家庭成员患有遗传性疾病或先天性畸形者。

(2) 原发性不育的夫妇或有不明原因的反复流产、早产、死产史的夫妇。

(3) 近亲结婚的夫妇及后代。

(4) 有致畸因素接触的夫妇。

(5) 性发育异常或行为发育异常的个体。

(6) 不明原因的智力低下个体。

(7) 染色体畸变患者的父母和同胞。

(8) 35 岁以上的高龄孕妇。

2. 遗传咨询的步骤：

(1) 明确诊断：详细了解咨询者的病史、婚姻史、生育史和家族史，再通过临床诊断、染色体检查、生化与基因诊断、皮纹检查及辅助性仪器检查等方法，明确诊断是否为遗传病。

(2) 绘制系谱，确定遗传方式：对于有遗传异质性和表型模拟的疾病，需要通过系谱分析才能确定遗传方式。

(3) 估计再发风险。

(4) 提出对策和措施：对咨询者提供防治对策和生殖干预措施，并陈述各种方案的优缺点，必要时对咨询者进行随访。

3. 单基因遗传病再发风险的估计：

(1) 双亲基因型已确定，可通过孟德尔定律推算。

(2) 双亲或双亲之一基因型不能确定，而家系中又提供有其他信息，如正常孩子数、年龄、实验室检查结果等，这些信息对肯定或否定某种基因型的可能性有帮助，这时估计子代发病风险就要运用 Bayes 逆概率定律。

【课前预习】

一、基础复习

1. 系谱分析。

2. 基因诊断。

3. 基因治疗。

二、预习目标

1. 基因诊断是指_____。

2. 遗传病除采用一般疾病的诊断方法外，还必须辅以特殊的诊断方法，如_____、
_____、_____、_____、_____等方法。

【课后巩固】

一、名词解释

系谱分析　　基因诊断　　皮肤纹理　　三叉点　　嵴纹计数　　atd 角　　产前诊断
基因治疗　　生殖细胞基因治疗　　体细胞基因治疗　　遗传携带者　　新生儿筛查　　遗传咨询

二、填空题

1. 细胞遗传学的检查方法包括_____和_____两种。主
要适用于_____的诊断。

2. 系谱分析是指通过调查先证者家族成员的发病情况，绘出_____，经
过分析以确定疾病的一种方法。

3. 使显性遗传病出现隔代遗传现象的原因为_____和_____。

4. 染色体核型分析能准确地诊断和发现_____和_____所
致的遗传病。

5. 目前临床上常用的产前诊断方法大致可分为四类，即_____、
_____、_____和_____。

6. 对胎儿形态进行直接观察可通过_____和_____来完成。

7. 羊膜穿刺术施行的最佳时期是_____，绒毛吸取术适宜进行的
时期是_____，脐带穿刺术适宜进行的时期是_____。

8. 指纹有三种基本类型：_____、_____和_____。

9. 21 三体综合征患者手掌褶纹类型多表现为_____，atd 角_____，
小指有_____条指褶纹，足踇趾球部为_____等皮肤纹理改变。

10. 遗传咨询的主要步骤是_____、_____、
_____、_____。

11. 一般情况下，常染色体显性遗传病的患者多为_____，其子女的再发
风险率为_____，没有发病的子女其后代往往_____。

【综合练习】

A1 型题

1. 染色体检查是确诊哪种疾病的主要方法
   A. 单基因病　　　　B. 多基因病
   C. 染色体　　　　　D. 分子病
   E. 先天性代谢缺陷

2. 有反复多次早期流产史的个体应首选下列
   哪项检查

A. 核型分析　　　　B. 性染色质检查

C. 酶活性检查　　　D. 基因检测

E. B 型超声扫描

3. **性染色质检查可以对下列哪种疾病进行辅助诊断**

　　A. 21 三体综合征　　B. 苯丙酮尿症

　　C. Turner 综合征　　D. 18 体综合征

　　E. 白化病

4. **下列哪种疾病应进行染色体检查**

　　A. Down 综合征

　　B. 脊柱裂

　　C. 苯丙酮尿症

　　D. 假肥大型肌营养不良

　　E. 先天性聋哑

5. **染色体检查的指征不包括**

　　A. 先天畸形

　　B. 原发闭经

　　C. 女性不育

　　D. 不明原因的智力低下

　　E. 先天性聋哑

6. **进行酶、蛋白质和代谢产物的定性定量分析，是确诊何种疾病的首选方法**

　　A. 单基因病　　　　B. 多基因病

　　C. 染色体病　　　　D. 传染病

　　E. 性染色体病

7. **临床检查中，若血清中苯丙氨酸浓度或尿中苯丙酮酸明显增高，可作为何种疾病的诊断依据**

　　A. 白化病　　　　　B. 苯丙酮尿症

　　C. 先天愚型　　　　D. G6PD 缺乏症

　　E. 半乳糖血症

8. **产前诊断标本的采集技术包括**

　　A. 羊膜穿刺术

　　B. 绒毛吸取术

　　C. 脐带穿刺术

　　D. 孕妇外周血分离胎儿细胞

E. 以上都是

9. **进行产前诊断的对象不包括**

　　A. 夫妇任一方有染色体异常

　　B. 曾生育过染色体病患儿的孕妇

　　C. 年龄小于 35 岁的孕妇

　　D. 曾生育过单基因病患儿的孕妇

　　E. 羊水过多，宫内生长发育迟缓

10. **染色体病的产前诊断主要依据**

　　A. 胎儿镜检查　　　B. 生物化学检查

　　C. DNA 分析　　　　D. B 超检查

　　E. 染色体分析

11. **遗传病的治疗方法不包括**

　　A. 饮食治疗　　　　B. 药物治疗

　　C. 手术治疗　　　　D. 新生儿筛查

　　E. 基因治疗

12. **苯丙酮尿症可以在发病早期进行预防性治疗，采用的措施是**

　　A. 身体锻炼　　　　B. 饮食控制

　　C. 手术治疗　　　　D. 口服药物

　　E. 基因治疗

13. **下列哪类疾病可施行基因治疗**

　　A. 单基因病　　　　B. 多基因病

　　C. 染色体断裂　　　D. 染色体倒位

　　E. 染色体重复

14. **群体普查的遗传病是以下哪种类型**

　　A. 发病率高

　　B. 危害大

　　C. 可以防治

　　D. 有可靠实用的筛查方法

　　E. 以上都是

15. **遗传病的预防措施不包括**

　　A. 遗传病群体普查

　　B. 避免接触致畸剂

　　C. 遗传咨询

　　D. 基因治疗

　　E. 婚姻指导及生孕指导

（何冬梅）

第十三章　优生科学基础

【知识要点】

一、优生的概念、研究范围、分类

优生学是应用遗传学的原理和方法改善人类遗传素质的科学，其目的是通过优生咨询、植入前或产前诊断、选择性植入或选择性流产、辅助生殖技术等方法，减少或控制某些遗传病或先天性缺陷儿的出生，以提高人类的出生素质。

优生学可分为正优生学和负优生学两类。

优生学的研究范围较宽，可分为基础优生学、临床优生学、社会优生学以及环境优生学。

二、影响优生的各种因素

1. 遗传因素：在影响优生的诸多因素中，遗传因素被列为首要因素。据估计，目前在100个新生儿中就有 3～10 名患有这种或那种遗传性疾病，遗传病和出生缺陷已给后代健康构成严重的威胁。

2. 环境因素：

(1) 化学因素：

① 化学工业物质中的铅及其化合物、汞及其化合物、二硫化碳、汽油、多氯联苯等均可通过胎盘进入胎儿体内。

② 农药和毒素：人类接触农药或食物中残存的农药，也会对机体产生影响，目前有30余种农药具有胚胎毒性作用。霉变的花生、玉米、稻谷中产生的黄曲霉毒素、食品添加剂中的 N-亚硝基化合物等都是强烈的致癌物、致畸剂。

③ 药物对胎儿生长、发育也会产生不良影响。药物可通过胎盘直接作用于胎儿，也可通过改变母体生理状态而产生间接作用。药物对胎儿的直接影响主要是在妊娠早期，其危害是引起胎儿畸形和死亡。在妊娠中期、晚期的不良影响主要是使胎儿发生功能障碍，导致生长发育迟缓和智力减退。

(2) 物理因素：X 射线、α 射线、β 射线、γ 射线等可引起基因突变或染色体畸变。噪声、振动、射频辐射、高温和低温等都会对孕妇和胎儿产生不良影响。

(3) 生物因素：孕妇在妊娠期间受到致病微生物感染而引起胎儿感染，称宫内感染。妊娠早期的急性病毒感染可引起死胎、流产，非致死性感染可造成先天畸形。

(4) 不良嗜好：若孕妇有吸烟、酗酒、饮食结构不良等不良嗜好会危害本人，也会累及下一代的健康。

3. 孕期营养、食品卫生与优生：孕期良好的营养是胎儿正常生长发育的物质基础。在孕期要注意：① 坚持合理的营养、平衡的膳食；② 避免摄入变质、有毒物质；③ 戒烟、戒酒等。

4. 孕母疾病及心理因素：

(1) 妊娠期并发症（如妊娠合并高血压、贫血、糖尿病等）可造成胎儿流产、早产、死产或新生儿先天畸形。

(2) 产科并发症（如妊娠和分娩过程中发生的产前出血、早产、过期妊娠、胎儿窘迫、脐带脱垂、产程延长等）也会对胎儿或母体产生程度不同的影响。

(3) 孕妇的心理状态也可影响胎儿的健康和生长发育。如孕妇的情绪极度不安，会造成胎儿精神发育的功能障碍。

三、优生咨询

优生咨询是指咨询医生依据医学遗传学原理，通过询问、检查、病史收集等，对咨询者所提出的有关生育健康、聪明孩子等一系列问题进行科学的分析与合理的解答，对其婚育进行指导。优生咨询的对象既包括曾有遗传病史或生育过先天畸形儿的夫妇，也包括某些接触过不利因素者以及广大健康生育年龄的男女。

1. 婚前优生咨询：指通过了解咨询双方的生理条件，确定咨询对象是否适合结婚。

2. 孕前优生咨询：主要涉及最佳生育年龄、最佳受孕季节及最佳孕前准备等问题。

3. 孕期优生咨询：咨询中主要遇到的问题是：① 如何创造最佳的孕期环境；② 如何预防不利环境因素的影响；③ 孕期患病毒感染、发热等情况应如何对待和处理等。

【课前预习】

一、基础复习

1. 优生学。

2. 影响优生的各种因素。

二、预习目标

1. 优生学是指＿＿＿＿＿＿＿＿＿＿＿＿＿＿＿＿＿＿＿＿＿＿＿＿。

2. 优生学包括＿＿＿＿＿＿＿＿＿＿＿＿＿和＿＿＿＿＿＿＿＿＿＿＿两部分，当前我国推行的主要优生措施＿＿＿＿＿＿＿＿＿＿＿＿＿＿＿＿＿＿＿＿＿＿＿＿。

【课后巩固】

一、名词解释

优生学　　负优生学　　正优生学

二、填空题

1. 研究如何增加能产生有利表型的等位基因频率的优生学称为＿＿＿＿＿＿＿，主要措施有＿＿＿＿＿＿＿＿＿＿＿＿＿、＿＿＿＿＿＿＿＿＿＿＿＿＿等。

2. 研究如何减少或降低能产生不利表型的等位基因频率的优生学称为＿＿＿＿＿＿＿，主要措施有＿＿＿＿＿＿＿＿＿＿＿＿＿、＿＿＿＿＿＿＿＿＿＿＿＿＿、

＿＿＿＿＿＿＿＿＿＿＿＿＿＿、＿＿＿＿＿＿＿＿＿＿＿＿＿＿。

3. 影响优生的物理学因素有：＿＿＿＿＿＿、＿＿＿＿＿＿、＿＿＿＿＿、＿＿＿＿＿。

4. 可引起宫内感染的生物学因素有：＿＿＿＿＿＿＿＿＿、＿＿＿＿＿＿＿＿＿、

＿＿＿＿＿＿＿＿、＿＿＿＿＿＿＿＿＿＿、＿＿＿＿＿＿＿＿＿＿、＿＿＿＿＿＿＿＿＿等。

5. 优生咨询包括＿＿＿＿＿＿＿＿＿、＿＿＿＿＿＿＿＿＿、＿＿＿＿＿＿＿＿＿。

【综合练习】

A1 型题

1. "优生学"的概念是谁首先提出来的
   A．孟德尔（Mendel）
   B．摩尔根（Morgan）
   C．高尔顿（Galton）
   D．达尔文（Darwin）
   E．沃森（Watson）

2. 正优生学的主要措施包括
   A．环境保护　　　B．携带者检出
   C．遗传咨询　　　D．遗传病群体普查
   E．人工授精

3. 负优生学的主要措施包括
   A．人工授精　　　B．胚胎移植
   C．适龄生育　　　D．遗传工程
   E．建立精子库

4. 镇静安眠药不能引起的致畸表现是

   A．唇裂　　　　　B．腭裂
   C．发育迟缓　　　D．多发畸形
   E．性别畸形

5. 宫内感染的影响因素不包括下列哪一项
   A．巨细胞病毒　　B．黄曲霉毒素
   C．弓形虫　　　　D．梅毒螺旋体
   E．风疹病毒

6. 下列哪项不是抗癫痫药引起的疾病或畸形
   A．新生儿出血　　B．先天性心脏病
   C．唇裂　　　　　D．腭裂
   E．多指畸形

7. 下列哪项是妊娠并发症
   A．产前出血　　　B．早产
   C．妊娠合并贫血　D．胎儿窘迫
   E．脐带脱垂

（何冬梅）

第十四章　生命的起源与进化

【知识要点】

一、生物进化

生物进化，即生物种群多样性和适应性的变化。生物进化论认为，地球上最早的生命物质是由非生命物质演化而来的，现存的各种生物都是由共同的祖先逐步进化而来的。在进化过程中，生物机体的结构和功能由简单到复杂，由低级到高级，种类由少到多。其中，遗传和变异是进化的主要动力。

二、进化的证据

1. 古生物学证据：主要是通过研究化石来证明生物的进化。距今地质年代越远，生物化石的种类越低级、结构越简单；距今地质年代越近，生物化石的种类越高级、结构越复杂，和现在的生物越接近。

2. 比较解剖学证据：是运用比较的方法，研究不同种类生物器官的位置、形态结构及其起源。

(1) 脊椎动物器官的比较：脊椎动物在由低等到高等的演化过程中，表现出了高等动物某些器官是在低等动物器官的基础上延续发展而来的。从动物心脏的变化即可看到这一点。

(2) 痕迹器官：指生物体上仍然存在，而生理作用不大的器官。痕迹器官的存在可追溯生物之间的亲缘关系。

(3) 同源器官和同功器官：同源器官是指起源相同、构造和部位相似而形态与功能不同的器官；同功器官是指形态和功能相似而起源和构造不同的器官。同源器官表明生物是由共同的祖先发展而来的；而同功器官则说明功能相同的器官并非同一祖先发展而来，只是由于它们的某些器官适应于相同的环境、应用于相同的功能，在发展过程中趋向一致，形成了相似的形态。

3. 胚胎学证据：是通过研究不同种类生物的胚胎及胚胎发育过程，发现了不同种类的脊椎动物的早期胚胎的相似性，表明这些生物的祖先经历过相同的发展阶段，表明了这些生物进化的同源性，都来自共同的祖先。

4. 地理分布上的证据：表明不同的生物都有其发源地，都是经过漫长的演变过程进化而来。

5. 生物化学的依据：生物化学分析发现，构成所有生物体的化学元素都是一致的，且亲缘关系越近，其物质的组成越相似。

6. 遗传学的证据：不管是高等生物还是低等生物，都有遗传和变异的特性，而且它们在遗传和变异的物质基础上基本一致。

三、生物进化机制

1. 生物进化机制是指造成生物进化过程的各种自然环境、生物系统的各组成因素（如各种生物物种、种群，各生物的构造、性状、功能等）及由此形成的各种相互关系和功能。

2. 进化论主要学派：

(1) 拉马克学说：拉马克首先系统地阐述了生物进化的理论。拉马克学说的主要内容包括：

① 环境对生物体影响的学说认为，环境的多样性是生物多样性的主要原因，环境的改变能引起生物变异。

② 生物按等级向上发展的学说认为，生物存在由低级到高级、由简单到复杂的等级，并且生物具有连续不断按等级向上发展的力量。

③ 用进废退法则表明经常使用的器官就发达、强大；获得性遗传法则说明动物在环境的长期影响下，由器官的用与不用而导致的变异是可以通过遗传而保存的。

拉马克为达尔文学说的建立提供了有利条件，为科学的生物进化论的创立奠定了基础。

(2) 达尔文学说：达尔文是科学生物进化论的创始人。自然选择学说是达尔文的核心部分。自然选择学说的主要内容包括：① 生物普遍存在着变异；② 生物普遍具有巨大的繁殖率；③ 生物普遍存在生存竞争；④ 适者生存；⑤ 性状分歧。

由于遗传学的贫乏，达尔文无法深刻阐明生物进化的机制。

(3) 现代达尔文的进化论学说：继承了达尔文进化论学说，结合细胞学、生态学、分类学及古生物学等学科的新成果，特别是根据群体遗传学的理论，明确提出以下观点：① 种群是生物进化的基本单位；② 突变提供进化的原材料；③ 自然选择决定生物进化的方向；④ 隔离导致新种形成：隔离是指在自然界中，生物不能自由交配或交配后不能产生正常后代的现象。隔离分为空间性的地理隔离和遗传性的生殖隔离。

(4) 中性突变学说：从分子水平上研究进化机制和生物类群的演化过程。

四、地球上生命的起源

生命是在基本环境条件（如原始大气层、能源及原始海洋）具备的情况下，首先进行化学进化的过程，即由无机物产生有机物，然后由简单的有机物发展为复杂有机物，最后形成有代谢功能的，以蛋白质、核酸为物质基础的复杂多分子体系，进而演变成原始生命。

五、人类的起源与发展

1. 人在分类系统中的地位：研究发现，人和哺乳动物有许多相似的特性。根据人体结构，人类在动物界系统中所占的位置为：脊索动物门、脊椎动物亚门、哺乳动物纲、真兽亚纲、灵长目、狭鼻亚目、人科、人属、人种。人类起源于动物，但也存在着区别。例如，人能直立走路，有非常明确的上、下肢分工，有良好的发音器官和善于思维的大脑等，人和动物最根本的区别是劳动。

2. 人类的起源与进化：19世纪中叶，达尔文提出了人类起源于古猿的理论。人类的进化划分为能人、直立人、化石智人三个阶段。

(1) 能人：也称早期猿人，是早期人类的第一阶段代表。

(2) 直立人：是晚期猿人，是早期人类的第二阶段代表。

(3) 化石智人：早期人类第三阶段的代表，不仅完全直立行走，且脑容量与现代人相似，包括早期智人和晚期智人。

　　3. 人种：亦称种族，指在体质形态上具有某些共同遗传特征的人群。

【课前预习】

一、基础复习

1. 生物进化，进化的证据，生物的进化机制。

2. 人与动物的联系与区别。

二、预习目标

1. 生物进化是指_____。

2. 在漫长的进化过程中，生物机体的结构和功能由_____到_____，由_____到_____，种类由_____到_____。

【课后巩固】

一、名词解释

　　生物进化　　同源器官　　同功器官　　痕迹器官　　用进废退法则　　性状分歧　　人种　　获得性遗传法则

二、填空题

1. 生物进化的证据主要有_____、_____、_____、_____、_____、_____。

2. 根据化石和地层结构特点，将地球历史分为_____代、_____代、_____代、_____代、_____代。

3. 自然选择学说的主要内容包括：_____、_____、_____、_____。

4. 在自然界中，隔离可分为_____地理隔离和_____生殖隔离。

5. 人类进化三个阶段的代表是_____、_____和_____。

6. 全世界人种分为三大类，分别是_____、_____、_____。

【综合练习】

A1 型题

1. 拉马克学说的内容包括

　　A. 用进废退　　　　　B. 自然选择

　　C. 适者生存　　　　　D. 地理隔离

　　E. 中性变异

2. 达尔文学说的核心部分是

　　A. 变异　　　　　　　B. 用进废退

　　C. 自然选择　　　　　D. 生存斗争

　　E. 性状分析

3. 以下哪项不属于自然选择学说的主要内容
　　A．生物普遍存在着变异
　　B．生物普遍具有巨大的繁殖率
　　C．生物普遍存在生存斗争
　　D．性状分歧
　　E．隔离导致新物种生成
4. 关于现代达尔文主义进化论学说，下列哪
项叙述有误
　　A．种群是生物进化的基本单位
　　B．变异提供进化的原材料
　　C．自然选择决定生物进化的方向
　　D．隔离导致新物种形成
　　E．中性突变速率决定进化速率

（何冬梅）

第十五章　生物与环境

【知识要点】

一、环境对生物的影响

1. 环境是指生物赖以生存，并对其生命活动产生影响的所有外界条件的总称，包括每个生物体周围的一切因素，生物与环境是一个统一的整体。

2. 对生物体有影响的因素称为生态因素，或称生态因子。生态因素按性质分为非生物因素和生物因素。

(1) 非生物因素主要包括温度、水、湿度、光、土壤和大气。

(2) 生物因素主要包括种内关系和种间关系，种内关系包括种内互助和种内斗争；种间关系包括种间互助和种间斗争等。

(3) 主要观点是：第一，对生物体来说，各种生态因素不是单独地、孤立地起作用，而是共同起作用的；第二，各种生态因素所起的作用并非同等重要，在众多生态因素中往往存在着关键因素。

二、种群与环境

1. 种群是指生活在一定的地域中、同一物种个体的集群。种群的属性是种群密度、出生率、死亡率、迁移率、年龄结构、性比等。

2. 种群的数量总是在不断发生变化，受出生和死亡、迁入与迁出这两对相对立的因素影响，种群数量出现上升、下降的变化或者处于相对稳定状态。出生和迁入使种群数量增加，死亡和迁出使种群数量减少。种群数量变化的控制因素主要有外因（环境因素）和内因（种内因素）两个方面。

三、群落与环境

1. 群落：指生活在一定的自然区域内的许多不同生物的总和，是各个生物种群的集合体。群落有大有小，有自我维持和自我调节的能力。任何群落都不能脱离一定的环境存在。

2. 生态系统：是生物群落及无机环境相互作用而形成的相对稳定的物质系统。生物圈就是地球上最大的一个生态系统。在这个最大的生态系统中，包含着许多小的生态系统。

(1) 生态系统的结构：

① 生态系统由四类基本成分组成：

· 非生物物质：包括阳光、无机物、温度和土壤等。

· 生产者：主要指绿色植物。

· 消费者：指各种动物。

· 分解者：指包括细菌、真菌等微生物和一些小动物，是营腐生生活的微生物。

②　食物链与食物网：在生态系统中，各种生物之间由于食物关系而形成的一种联系，称为食物链；一个生态系统中各种食物链相互交错连接在一起，形成的错综复杂的营养关系称为食物网。

(2)　生态系统的功能：进行能量流动和物质循环，这两大功能之间既有明显差别又有必然联系。

①　能量在生态系统内是单向流动、逐级递减的，因此生态系统需要不断地从外界获得能量，这样才能使能量流动持续下去。物质循环则是在生物群落与无机环境之间反复出现，循环流动。

②　生态系统的能量流动是伴随物质循环而进行的。能量的固定、转移和释放，离不开物质的合成和分解过程。由此可见，能量流动和物质循环之间互为因果、相辅相成、不可分割。

(3)　生态平衡：生态系统在一定的时间和空间范围内，生产者、消费者和分解者之间能在较长时间内保持着相对的动态平衡（即能量流动和物质循环在较长的时间内能保持着相对的稳定性），这种动态平衡称为生态平衡。生态系统能维持动态平衡的原因是由于生态系统具有自我调节的能力。生态系统成分越多样，结构越复杂，自我调节能力就越大，生态平衡就越易维持；反之，成分单纯，结构简单，自我调节能力就越小。生态系统的自我调节是有一定限度的。如果外来的自然或人为干扰超过了这个限度，就会导致系统的功能障碍甚至崩溃，引发生态危机。

四、人与环境

1.　自然资源的破坏和保护：自然资源的破坏与保护与生态平衡息息相关。自然资源可分为三类：

·　第一类是可再生资源，即生物资源，包括动植物和微生物，这类资源如果加以科学管理和合理利用，则可以取之不尽、用之不竭。

·　第二类是生态资源，包括阳光、水、风、土壤等，是可以连续不断地供应的，总供应量不会因为人类的利用而减少。

·　第三类是非再生资源，即矿物资源，如煤、石油、天然气、铁、铜、石灰石等，其储量有限，用完就枯竭。人类对自然资源利用不合理，造成了自然资源的破坏，产生了对人类许多不利的影响。

2.　环境污染：是指由于人为的因素，使环境的构成或状态发生改变，破坏了生态平衡和人类生活、生产的环境条件。环境污染主要包括大气、水体、土壤、食物和噪声等的污染。

【课前预习】

一、基础复习

1.　生态系统，食物链，生态平衡。

2.　生态系统的结构和功能。

二、预习目标

1.　生态系统是指＿＿＿＿＿＿＿＿＿＿＿＿＿＿＿＿＿＿＿＿＿＿＿＿＿＿＿＿＿。

2.　生态系统的成分包括：＿＿＿＿＿＿、＿＿＿＿＿＿、＿＿＿＿＿＿、＿＿＿＿＿＿。

【课后巩固】

一、名词解释

种群　　群落　　食物链　　生态系统　　生态平衡　　环境污染

二、填空题

1. 非生物因素包括_____、_____、_____、_____和大气。
2. 种群的特征有_____、_____、_____、死亡率。
3. 种群的类型包括_____、_____、_____。
4. 生态系统的功能有_____、_____。
5. 生态平衡的原因是_____。
6. 自然资源可分为_____、_____、_____。
7. 环境污染包括_____、_____、_____和_____等。

【综合练习】

A1 型题

1. 生活在海洋里的海带、紫菜、石花菜、虾、鱼、微生物等组成一个
   - A．生态系统
   - B．种群
   - C．群落
   - D．群体
   - E．食物链

2. 狼狗常把排尿点作为与同种其他个体交流情报的"气味标记站"，这种现象在生物学上称为
   - A．种内斗争
   - B．种内互助
   - C．种间斗争
   - D．种间互助
   - E．共生

3. 蛇、蜥蜴进入冬眠起主导作用的生态因素是
   - A．阳光
   - B．温度
   - C．水
   - D．土壤的理化特性
   - E．大气

4. 下列生物属于种群的是
   - A．一个池塘里的鱼
   - B．一座山上的树
   - C．一块稻田里的水稻
   - D．一个草原上的小草
   - E．一座山上的蛇

5. 水稻与稻株旁的稗草、稻田里的蝗虫与水稻、水稻茎叶内稻瘟病菌与水稻之间的关系依次是
   - A．共生、捕食、寄生
   - B．竞争、寄生、捕食
   - C．竞争、捕食、寄生
   - D．竞争、捕食、捕食
   - E．共生、捕食、捕食

6. 在生态系统中，生物个体数量最多的营养级别是
   - A．第一营养级
   - B．第二营养级
   - C．第三营养级
   - D．最高营养级
   - E．第五营养级

7. 维持生态系统平衡必不可少的生物是
   - A．生产者和食草动物
   - B．生产者和分解者
   - C．食肉动物和分解者
   - D．食草动物和食肉动物
   - E．生产者和食肉动物

8. 一个池塘中，水草、虾、鱼、污泥和非生物因素，彼此相互作用而形成
   A．一条食物链
   B．一个生物群落
   C．一个种群
   D．一个生态系统
   E．几个生物群落

9. 一条食物链中最高消费者是四级，该食物链最多有几个营养级
   A．4个　　　　　B．3个
   C．5个　　　　　D．6个
   E．7个

10. 在下列生态系统中，自我调节能力最大的是
    A．温带草原
    B．热带雨林
    C．北方针叶林
    D．南方阔叶林
    E．农田生态系统

11. 在生态系统中能量逐级递减，下述原因中不正确的是
    A．各营养级生物的呼吸消耗部分能量
    B．各营养级生物的生殖利用部分能量
    C．各营养级部分生物未被下一个营养级的生物利用
    D．落入土壤或水域中的动植物尸体、残肢和粪便被分解者利用
    E．各营养级生物代谢消耗部分能量

12. 在食物链"浮游植物—浮游动物—虾—小鱼"中，假设能量传递率为10%，若要得到10 kg小鱼，至少需要消耗多少 kg 的浮游动物
    A．10 kg　　　　　　B．100 kg
    C．1 000 kg　　　　 D．10 000 kg
    E．1 kg

13. 以下对种群概念的正确叙述是
    A．不同区域中同种生物个体的总称
    B．同一地域中同种生物个体的总称
    C．一个湖泊中各种鱼类的总称
    D．一个生态环境中有相互关系的动植物的总称
    E．一个生态系统中所存的生物

14. 在种群的下列特征中，对种群个体数量变动起决定性作用的因素是
    A．种群密度
    B．年龄组成
    C．性别比例
    D．出生率和死亡率
    E．性别比例和出生率

（何冬梅）

下 篇

生物化学

下篇

生物力学

第一章 绪 论

【知识要点】

一、生物化学的概念及其研究对象

1. 生物化学：是生物学的分支学科，它是从分子研究生命现象的化学本质的学科，即"生命的化学"。

2. 研究对象：生物体的化学组成，构成生物体的分子结构与功能，生物体内的物质代谢与调节及其在生命活动中的各种作用。

二、医用生物化学的主要内容

1. 生物体的化学组成、结构及功能。

2. 物质代谢及其调控。

3. 遗传信息的贮存、传递和表达。

三、生物化学与医学

1. 生物化学的内容是所有生物科学的必需知识，生物化学知识和研究方法为医学各学科所采用。

2. 医学各学科的研究已深入分子水平，生物化学的内容已逐渐渗透到各相关学科之中，同时各学科的研究又为生物化学展现了广阔的前景。

【课后巩固】

名词解释

生物化学 生物分子

【综合练习】

A1 型题

1. 蛋白质的构件分子是
   A．氨基酸 B．葡萄糖
   C．核苷酸 D．脂肪酸
   E．α-酮酸

2. 核酸的构件分子是
   A．氨基酸 B．核苷
   C．脂肪酸 D．淀粉
   E．核苷酸

3. 构成生命物质基础的是
   A．蛋白质、核酸和维生素
   B．蛋白质和核酸
   C．糖和脂类
   D．水、无机盐
   E．维生素

4. 我国在 1965 年首次合成的具有生物活性的蛋白质是
   A．RNA 聚合酶
   B．牛胰岛素
   C．胰岛素基因
   D．酵母丙氨酰 tRNA
   E．酶

（罗盛刚）

第二章　蛋白质与核酸的化学

【知识要点】

一、蛋白质的分子组成及结构

1. 蛋白质的分子组成：

(1) 元素组成：C、H、O、N、S、P、Fe、…

(2) 组成蛋白质的基本单位：氨基酸。

(3) 氨基酸的主要理化性质：两性解离和等电点、胶体性质、变性、沉淀和凝固。

2. 蛋白质的分子结构：

(1) 肽键和肽。

(2) 蛋白质分子一级结构的概念及生物学意义。

(3) 蛋白质分子空间结构的概念、形状及生物学意义。

二、蛋白质的理化性质与分类

1. 两性电离的概念及实用意义：

(1) 两性电离是指在一定的溶液 pH 条件下，都可解离成带负电荷或正电荷的基团。

(2) 等电点（pI）：当蛋白质溶液处于某一 pH 时，蛋白质解离成阳离子和阴离子的趋势相等，即净电荷为零，成为兼性离子，此时溶液的 pH 称为蛋白质的等电点。

(3) 实用意义：醋酸纤维薄膜电泳。

2. 蛋白质高分子的性质。

3. 蛋白质变性的概念及特点。

4. 紫外吸收与呈色反应。

三、蛋白质的结构与功能的关系

1. 一级结构是空间结构和功能的基础。

2. 蛋白质的各种功能与其空间结构有着密切的关系。

四、核酸的化学

1. 核酸（nucleic acid）的概念。

2. 组成核酸的元素有 C、H、O、N、P 等。

3. 核酸的基本构成单位——核苷酸。

【课前预习】

一、基础复习

1. 氨基酸的概念及作用。
2. RNA 和 DRN 的概念及作用。

二、预习目标

1. 人体蛋白质的基本组成单位为＿＿＿＿＿＿＿＿，共有＿＿＿＿＿＿＿＿种。
2. 组成人体蛋白质的氨基酸均属于＿＿＿＿＿＿＿＿，除＿＿＿＿＿外。
3. 在 280 nm 和 260 nm 波长处有特征吸收峰的物质分别是＿＿＿＿＿＿＿和＿＿＿＿＿。

【课后巩固】

一、名词解释

亚基　　肽键　　DNA 一级结构　　稀有碱基　　DNA 变性　　分子病　　DNA 的 Tm 值
核酸杂交　　蛋白质的等电点

二、填空题

1. 许多氨基酸通过＿＿＿＿＿＿＿＿键，逐一连接而形成＿＿＿＿＿＿＿＿。
2. 多肽链中氨基酸的＿＿＿＿＿＿，称为蛋白质的一级结构，主要化学键为＿＿＿＿＿＿。
3. 具有生物活性的蛋白质至少应具备＿＿＿＿＿＿结构，有的还有＿＿＿＿＿＿结构。
4. 蛋白质变性主要是其＿＿＿＿＿＿遭到破坏，而其＿＿＿＿＿＿结构仍可完好无损。
5. 蛋白质颗粒表面有许多＿＿＿＿＿＿＿＿，可吸引水分子，使颗粒表面形成一层＿＿＿＿＿＿，可防止蛋白质从溶液中＿＿＿＿＿＿。
6. 蛋白质为两性电解质，在 pH<pI 值的溶液中带＿＿＿＿＿＿电荷，在 pH>pI 值的溶液中带＿＿＿＿＿＿电荷。当蛋白质的净电荷为＿＿＿＿＿时，此时溶液的 pH 称为该蛋白质的＿＿＿＿＿＿＿＿。
7. 镰刀状红细胞贫血，是因为血红蛋白的 β-链第＿＿＿＿＿＿位＿＿＿＿＿＿被＿＿＿＿＿＿＿＿所取代。
8. DNA 和 RNA 的核糖分别为＿＿＿＿＿＿＿＿和＿＿＿＿＿＿＿＿，两者特有的碱基分别为＿＿＿＿＿和＿＿＿＿，两者主要存在的部位分别为＿＿＿＿＿＿＿和＿＿＿＿＿。
9. 单核苷酸由＿＿＿＿＿＿和＿＿＿＿＿＿组成，连接核酸一级结构的化学键是＿＿＿＿＿＿。
10. 体内两种主要的环核苷酸是＿＿＿＿＿＿＿和＿＿＿＿＿＿。
11. 核酸的水解产物有＿＿＿＿＿＿＿、＿＿＿＿＿＿和＿＿＿＿＿＿。
12. 核酸由＿＿＿＿＿、＿＿＿＿＿、＿＿＿＿＿、＿＿＿＿＿＿和＿＿＿＿＿五种元素组成。
13. DNA 碱基配对规律是＿＿＿＿＿与＿＿＿＿＿、＿＿＿＿＿与＿＿＿＿＿。RNA 碱基配对规律是＿＿＿＿＿与＿＿＿＿＿、＿＿＿＿＿与＿＿＿＿＿。
14. 使 50% DNA 变性的温度称为＿＿＿＿＿＿，用＿＿＿＿＿表示，其大小与 G—C 含量成＿＿＿＿＿＿＿比关系。

15. DNA 二级结构是_____结构，维持 DNA 二级结构的键是_____。DNA 结构中每圈螺旋含_____个碱基对，螺距为_____nm。

【综合练习】

A1 型题

1. 下列有关蛋白质一级结构的叙述，错误的是
   A. 是多肽链分子中氨基酸的排列顺序
   B. 氨基酸与氨基酸之间通过脱水缩合形成肽链
   C. 从 N-末端至 C-末端氨基酸残基的排列顺序
   D. 蛋白质一级结构不包括各原子的空间位置
   E. 通过肽键形成的多肽链中氨基酸的排列顺序

2. 以下有关蛋白质三级结构的描述，错误的是
   A. 具有三级结构的多肽链可能有生物学活性
   B. 亲水基团多位于三级结构的表面
   C. 三级结构的稳定性主要由次级键维系
   D. 三级结构是单体蛋白质或亚基的空间结构
   E. 三级结构是由一条多肽链构成的

3. 以下有关蛋白质四级结构的叙述，正确的是
   A. 蛋白质四级结构的稳定性由二硫键维系
   B. 蛋白质亚基间由次级键聚合
   C. 蛋白质变性时其四级结构不一定受到破坏
   D. 四级结构是蛋白质保持生物活性的必要条件
   E. 四级结构是蛋白质发挥功能的先决条件

4. 蛋白质分子中的无规卷曲结构属于
   A. 一级结构   B. 二级结构
   C. 三级结构   D. 四级结构
   E. 基本结构

5. 在各种蛋白质中含量相近的元素是
   A. 碳   B. 氢
   C. 氧   D. 氮
   E. 硫

6. 以下关于蛋白质二级结构的描述，错误的是
   A. 具有活性的蛋白质都有二级结构
   B. α-螺旋和 β-折叠结构是蛋白质二级结构的主要形式
   C. α-螺旋和 β-折叠结构一般不可以同时出现
   D. 双螺旋结构不是蛋白质二级结构形式
   E. 二级结构是蛋白质的空间结构

7. 每种完整具有活性的蛋白质分子必定具有
   A. 四级结构
   B. β-折叠结构
   C. 三级结构
   D. β-转角结构
   E. α-螺旋结构

8. 关于蛋白质亚基的描述，正确的是
   A. 两条多肽链卷曲成双螺旋结构
   B. 两条以上多肽链卷曲成二级结构
   C. 两条以上多肽键与辅基结合成蛋白质
   D. 每个亚基都有各自的三级结构
   E. 有的亚基单独存在有生物活性

9. 下列哪种氨基酸属于酸性氨基酸
   A. 赖氨酸   B. 组氨酸
   C. 谷氨酸   D. 甘氨酸
   E. 天冬酰胺

10. 下列哪种氨基酸属于碱性氨基酸
    A. 谷氨酸   B. 异亮氨酸
    C. 精氨酸   D. 苯丙氨酸
    E. 丙氨酸

11. 蛋白质溶液的稳定因素是
    A. 蛋白质溶液的黏度大
    B. 蛋白质分子表面的疏水基团相互排斥
    C. 蛋白质分子表面带有不同电荷
    D. 蛋白质分子表面的水化膜和相同电荷
    E. 蛋白质溶液属于真溶液

12. 蛋白质变性
    A. 由肽键断裂而引起
    B. 都是不可逆的
    C. 次级键不变
    D. 可增加其溶解度
    E. 由空间结构破坏而引起

13. 下面哪种碱基存在于 mRNA 中而不存在于 DNA 中
    A. A   B. G
    C. T   D. C
    E. U

14. 在核酸分子中，单核苷酸之间的连接通常是
    A. 肽键   B. 磷酸二酯键
    C. 糖苷键   D. 二硫键
    E. 氢键

15. 在一个 DNA 分子中，若 A 的分子数占 30.2%，则 C 的分子数占
    A. 30.2%   B. 15.1%
    C. 60.4%   D. 69.8%
    E. 19.8%

16. 在下列几种不同碱基组成比例的 DNA 分子中，哪一种 DNA 分子的 Tm 值最高
    A. A+T=15%   B. G+C=25%
    C. G+C=40%   D. A+T=80%
    E. G+C=35%

17. DNA 的二级结构是
    A. ct-螺旋结构   B. t3-折叠结构
    C. β-转角结构   D. 超螺旋结构
    E. 双螺旋结构

18. RNA 主要存在于
    A. 细胞核   B. 细胞质
    C. 内质网   D. 溶酶体
    E. 线粒体

19. 核酸分子中磷元素的含量为
    A. 3%~10%   B. 6%~10%
    C. 9%~10%   D. 10%~13%
    E. 16%

20. DNA 的 Tm 值一般为
    A. 50~60 ℃   B. 65~70 ℃
    C. 70~85 ℃   D. 80~90 ℃
    E. 90~100 ℃

21. DNA 的双螺旋结构是 DNA 的
    A. 一级结构   B. 二级结构
    C. 三级结构   D. 四级结构
    E. 五级结构

22. 引起 DNA 变性的因素中，意义最大的是
    A. 酸   B. 碱
    C. 紫外线   D. 丙酮
    E. 加热

23. 位于 tRNA 3′末端的结构是
    A. 氨基酸臂   B. 反密码环
    C. 三叶草形结构   D. DHU 环
    E. TΨC

24. 核酸的基本组成单位是
    A. 核苷   B. 核苷酸
    C. 碱基   D. 多核苷酸链
    E. 核糖

25. 有关复性的正确说法是
    A. 又叫退火
    B. 37 ℃ 为最适温度
    C. 4 ℃ 为最适温度
    D. 25 ℃ 为最适温度
    E. 热变性后快速冷却有助于复性

26. 含反密码的核酸是
    A. DNA   B. mRNA
    C. rRNA   D. tRNA
    E. hnRNA

27. tRNA 三叶草形结构不含有
    A. 氨基酸臂   B. 反密码环
    C. DHU 环   D. 呋喃环
    E. 可变环

28. 维持 DNA 二级结构稳定的化学键为
    A. 磷酸二酯键   B. 二硫键
    C. 氢键   D. 范德华力
    E. 糖苷键

29. DNA 不含有的核苷酸是
    A. dAMP   B. dCMP
    C. dGMP   D. dTMP

E．dUMP

30. RNA 不含有的核苷酸是

A．AMP   B．CMP

C．GMP   D．TMP

E．UMP

31. 含有腺苷酸的辅酶是

A．NAD$^+$和 NADP$^-$ B．CoQ

C．FMN   D．TPP

E．CoASH

32. DNA 水解后得到的产物不含

A．磷酸

B．核糖

C．腺嘌呤与鸟嘌呤

D．胞嘧啶与尿嘧啶

E．胸腺嘧啶

33. 蛋白质的含氮量平均为

A．6.25‰   B．5.26%

C．10%   D．16%

E．18%

34. 某溶液中蛋白质的百分含量为 55%，则此溶液的蛋白质氮的百分含量为

A．8.0%   B．8.4%

C．8.8%   D．9.2%

E．9.6%

35. 稀有碱基主要存在于哪一种核酸中

A．DNA   B．RNA

C．tRNA   D．mRNA

E．rRNA

36. 双链 DNA 的解链温度与下列哪一组碱基的含量有关

A．A—T   B．A—U

C．G—C   D．T—U

E．G—T

37. 受热变性的 DNA，其特征是

A．碱基间的磷酸二酯键断裂

B．形成了三股螺旋

C．变性温度范围较宽

D．Tm 随 G—C 碱基对含量的变化而改变

E．对 260 nm 的光吸收减少

38. DNA 两链间的氢键为

A．G—C 间为两个

B．G—C 间为三个

C．A—C 间为两个

D．G—C 间不形成氢键

E．A—C 间为三个

39. DNA 双螺旋结构的特点是

A．碱基朝向螺旋内侧

B．碱基朝向螺旋外侧

C．磷酸核糖朝向螺旋外侧

D．磷酸核糖朝向螺旋内侧

E．碱基平面与螺旋轴平行

40. tRNA 的氨基酸臂的结构特点是

A．3,7 端有 CCA 结构

B．3,7 端有磷酸结构

C．5′ 端有—OH 结构

D．5′ 端有结合氨基酸的结构

E．含稀有碱基少

41. DNA 主要存在于

A．细胞核   B．细胞质

C．内质网   D．溶酶体

E．线粒体

（罗盛刚）

第三章   酶和维生素

【知识要点】

一、概　述

1. 酶学的有关概念：

(1) 酶（E）是由活细胞合成的具有高效催化作用的蛋白质。

(2) 酶促反应、底物（作用物）、酶的活性。

(3) 核酶是具有催化功能的 RNA 分子，是生物催化剂，可降解特异的 mRNA 序列。

2. 酶的催化特点：高度的催化效率，高度的特异性，活性的不稳定性和可调控性。

3. 酶的分子组成。

4. 酶的活性中心。

5. 辅酶（基）与维生素的概念。

二、影响酶促反应速度的因素

1. 底物浓度对酶促反应速度的影响。

2. 酶浓度对酶促反应速度的影响。

3. 温度对酶促反应速度的影响。

4. pH 的影响。

5. 抑制剂的影响：

(1) 不可逆抑制作用的概念。

(2) 可逆抑制作用的概念：

① 竞争性抑制作用的概念和临床意义。

② 非竞争性抑制的概念和临床意义。

三、酶的分类、命名及其在医学上的应用

1. 酶原的激活：

(1) 酶原是指有些酶在细胞内合成或初分泌时无催化活性，必须在一定的条件下才能转变为有活性的酶。

(2) 酶原转变成有活性的酶的过程，称为酶原的激活。

(3) 酶原激活的生物学意义。

2. 同工酶的概念和临床意义。

四、维生素

1. 脂溶性维生素。

2. 水溶性维生素。

【课前预习】

一、基础复习

1. 酶的概念。

2. 稳定对酶促反应的影响。

二、预习目标

1. 酶的催化作用的特点有＿＿＿＿＿＿＿＿＿＿＿＿＿＿、＿＿＿＿＿＿＿＿＿＿＿＿＿、＿＿＿＿＿＿＿＿＿＿＿＿＿、＿＿＿＿＿＿＿＿＿＿＿。

2. 酶催化特异性分为＿＿＿＿＿＿＿、＿＿＿＿＿＿＿和＿＿＿＿＿＿＿三大类。

3. 酶活性中心内的必需基团有＿＿＿＿＿＿＿＿和＿＿＿＿＿＿。

【课后巩固】

一、名词解释

酶的活性中心　　同工酶　　酶　　竞争性抑制

二、填空题

1. 酶作用的专一性是指酶对它所催化的＿＿＿＿＿＿＿有严格的＿＿＿＿＿＿＿＿＿＿。

2. 根据国际酶学委员会的规定，按酶促反应的性质将酶分成六大类：＿＿＿＿＿＿，＿＿＿＿＿＿＿，＿＿＿＿＿＿＿，＿＿＿＿＿＿＿，＿＿＿＿＿＿。

3. 酶所催化的反应叫＿＿＿＿＿＿＿＿＿，参加反应的物质叫＿＿＿＿＿＿＿＿，生成的物质叫＿＿＿＿＿＿＿＿＿。

4. 结合酶由＿＿＿＿＿＿和＿＿＿＿＿＿构成。酶催化反应的特异性取决于＿＿＿＿＿＿。

5. 酶的化学本质是＿＿＿＿＿＿＿＿＿＿＿＿＿＿＿＿＿＿＿。

6. 高温促使酶促反应速度减慢的原因是＿＿＿＿＿＿＿＿＿＿＿＿＿＿＿＿。

7. K_m 是酶的一种＿＿＿＿＿＿＿常数，它只与＿＿＿＿＿＿有关，而与＿＿＿＿＿无关。

【综合练习】

A1 型题

1. 以下关于米氏常数 K_m 的说法，正确的是

　A. 饱和底物浓度时的速度

　B. 在一定酶浓度下，最大速度的一半

　C. 饱和底物浓度的一半

　D. 速度达最大速度半数时的底物浓度

　E. 降低一半速度时的抑制剂浓度

2. 酶原没有活性是因为

　A. 酶蛋白肽链合成不完全

　B. 活性中心未形成或未暴露

　C. 酶原是一般的蛋白质

　D. 缺乏辅酶或辅基

　E. 是已经变性的蛋白质

3. 下面关于酶的描述，不正确的是

　A. 所有的蛋白质都是酶

B．酶是生物催化剂

C．酶是在细胞内合成的，但也可以在细胞外发挥催化功能

D．酶具有专一性

E．易受温度、pH 等外界因素的影响

4. 竞争性抑制作用的特点是指钾制剂

A．与酶的底物竞争酶的活性中心

B．与酶的产物竞争酶的活性中心

C．与酶的底物竞争非必需基团

D．与酶的底物竞争辅酶

E．与其他抑制剂竞争酶的活性中心

5. 下列哪一项不是辅酶的功能

A．转移基团

B．传递氢

C．传递电子

D．某些物质分解代谢时的载体

E．决定酶的专一性

6. pH 对酶促反应速度的影响，下列哪项是对的

A．pH 对酶促反应速度影响不大

B．不同酶有其不同的最适 pH

C．酶的最适 pH 都在中性，即 pH 为 -7 左右

D．酶的活性随 pH 的增高而增大

E．pH 对酶促反应速度的影响主要在于影响该酶的等电点

7. 酶在催化反应中决定专一性的部分是

A．酶蛋白

B．辅基或辅酶

C．金属离子

D．底物的解离程度

E．B 族维生素

8. 下列关于酶蛋白和辅助因子的叙述，不正确的是

A．酶蛋白和辅助因子单独存在时均无催化作用

B．一种酶蛋白只能与一种辅助因子结合成一种全酶

C．一种辅助因子只能与一种酶蛋白结合成全酶

D．酶蛋白决定结合酶反应的专一性

E．辅助因子直接参加反应

9. 磺胺类药物的类似物是

A．四氢叶酸

B．二氢叶酸

C．对氨基苯甲酸

D．叶酸

E．嘧啶

10. 温度对酶促反应速度的影响，下列哪项是对的

A．温度对酶促反应速度影响不大

B．不同酶有其不同的最适温度

C．酶的最适温度都在 37 ℃ 左右

D．酶的活性随温度的升高而增大

E．低温时酶仍然保持活性

11. 有机磷杀虫剂对胆碱酯酶的抑制作用属于

A．可逆性抑制作用

B．竞争性抑制作用

C．非竞争性抑制作用

D．反竞争性抑制作用

E．不可逆性抑制作用

12. 蛋白酶是一种

A．水解酶

B．裂解酶

C．合成酶

D．酶的蛋白质部分

E．米氏酶

13. 目前为大家所公认的酶与底物结合的学说是

A．活性中心学说

B．诱导契合学说

C．锁钥学说

D．中间产物学说

E．以上都不对

14. 酶原激活的生理意义是

A．加速代谢

B．恢复酶活性

C．促进生长

D．降低酶活性

E．避免自身损伤

15. 酶的高效率在于

A．增加活化能

B．降低反应物的能量水平

C．增加反应物的能量水平

D．降低活化能

E．以上均不是

16．酶应该如何保存

A．低温避光　　B．室温避光

C．高温避光　　D．室温光照

E．37℃避光

17．酶的化学本质是

A．蛋白质　　B．维生素

C．多糖　　D．磷脂

E．胆固醇

18．酶的活性中心是指

A．酶分子的中心部位

B．酶蛋白与辅助因子结合的部位

C．酶分子上有必需基团的部位

D．酶分子表面有解离基团的部位

E．能与底物结合并催化底物转化为产物的部位

19．酶活性是指

A．酶所催化的反应

B．酶与底物的结合力

C．酶自身的变化

D．无活性酶转变成有活性的酶

E．酶的催化能力

（罗盛刚）

第四章　糖代谢

【知识要点】

一、概　述

1. 糖的生理功能：氧化供能、构成机体组织的细胞结构、参与形成许多重要物质。

2. 糖的消化吸收。

二、糖的分解代谢

1. 糖在体内分解代谢有三条主要途径：

(1) 糖的无氧分解的概念、部位和基本反应过程。

(2) 糖的有氧氧化的概念、部位和基本反应过程。

(3) 糖的磷酸戊糖途径的概念、部位和基本反应过程以及糖酵解的生理意义。

2. 三羧酸循环的特点及生理意义。

三、糖原的合成与分解

1. 糖原是以葡萄糖为基本单位聚合而成的带分支的大分子多糖。

2. 糖原分解的概念和基本过程。

3. 糖原合成的概念和基本过程。

4. 糖原合成对维持血糖浓度的恒定有重要意义，如进食后机体将摄入的糖合成糖原储存起来，以免血糖浓度过度升高。

5. 糖原分解能在不进食期间维持血糖浓度的恒定，可持续满足对脑组织等的能量供应。

四、糖异生

1. 糖异生是指由非糖物质转变为葡萄糖或糖原的过程。

2. 糖异生是指由丙酮酸生成葡萄糖的反应过程。

3. 糖异生的生理意义：维持饥饿时血糖的相对恒定，有利于乳酸的利用和维持酸碱平衡。

五、血糖及其调节

1. 血糖就是血液中的葡萄糖。

2. 血糖的来路和去路。

3. 血糖浓度的调节。

4. 血糖浓度异常。

【课前预习】

一、基础复习

1. 消化系统中糖类是怎样被消化和吸收的。
2. 常见的多糖、双糖和单糖的名称。
3. 呼吸作用的概念。

二、预习目标

1. 糖最主要的生理作用是_____。
2. 糖在体内的运输形式是_____，糖在体内的储存形式是_____。
3. 糖酵解在细胞的_____中进行，其反应途径中三个关键酶分别是_____、_____、_____。

【课后巩固】

一、名词解释

糖酵解　糖原　糖原的分解　血糖　糖尿　糖的有氧氧化　糖原的合成
糖异生作用　高血糖　肾糖阈

二、填空题

1. 糖分解代谢的途径有_____、_____、_____三条，缺氧时_____加强，正常生理情况下主要靠_____供能。
2. 1分子葡萄糖生成乳酸的过程中净生成_____分子 ATP。1分子葡萄糖彻底氧化生成水和二氧化碳，可净生成_____分子 ATP。
3. 有氧时也完全依赖糖酵解供能的组织是_____。
4. 三羧酸循环过程中有_____次脱氢和_____次脱羧反应。
5. 磷酸戊糖途径的反应在_____中进行，生成的重要中间产物是_____和_____。
6. 糖原合成的主要部位是_____。
7. 糖原合成的关键酶是_____，糖原分解的关键酶是_____。
8. 糖原合成时葡萄糖的活性供体是_____。
9. 肝糖原可直接分解为葡萄糖是因为肝中含有_____酶，肌糖原不能直接分解为葡萄糖是因为肌肉中无_____酶.
10. 正常人空腹血糖正常值为_____mmol/L，血糖的来源有_____、_____、_____，血糖的去路有_____、_____、_____。
11. 降低血糖的激素是_____，升高血糖的激素有_____、_____、_____等。

【综合练习】

A1 型题

1. 三羧酸循环中生成 ATP，属于底物磷酸化反应的步骤是
   - A．异柠檬酸→α-叶酮戊二酸
   - B．α-酮戊二酸→琥珀酰辅酶 A
   - C．琥珀酰辅酶 A→琥珀酸
   - D．琥珀酸→延胡索酸
   - E．苹果酸→草酰乙酸

2. 红细胞中还原型谷胱甘肽不足，易引起溶血是缺乏
   - A．果糖激酶
   - B．6-磷酸葡萄糖脱氢酶
   - C．葡萄糖激酶
   - D．葡萄糖-6-磷酸酶
   - E．己糖二磷酸酶

3. 下列哪种物质是合成糖原的"葡萄糖供体"
   - A．葡萄糖
   - B．6-磷酸葡萄糖
   - C．1-磷酸葡萄糖
   - D．UDPG
   - E．CDPG

4. 下述何种脏器能将糖原分解为葡萄糖
   - A．肝　　　　　　B．心
   - C．大脑　　　　　D．胰
   - E．以上都是

5. 糖异生的主要生理意义在于
   - A．防止酸中毒
   - B．更新肝糖原
   - C．维持饥饿状态下血糖浓度的相对恒定
   - D．保证缺氧状况下机体获得能量
   - E．补充肌肉中的糖

6. 正常空腹时血糖浓度为（邻甲苯胺法）
   - A．3.9～6.1 mmol/L
   - B．3.3～3.8 mmol/L
   - C．2.5～3.3 mmol/L
   - D．6～8 mmol/L
   - E．7～9 mmol/L

7. 下列哪种激素是降血糖激素
   - A．肾上腺素　　　B．生长素
   - C．胰高血糖素　　D．胰岛素
   - E．糖皮质激素

8. 1 mol 葡萄糖在有氧氧化中所产生的 ATP 的摩尔数为
   - A．8　　　　　　B．12
   - C．24　　　　　　D．38
   - E．26

9. 食物中的糖以哪种为主
   - A．葡萄糖　　　　B．蔗糖
   - C．麦芽糖　　　　D．淀粉
   - E．乳糖

10. 成熟红细胞的能量主要来自血中的
    - A．葡萄糖　　　　B．脂肪酸
    - C．酮体　　　　　D．乳酸
    - E．蛋白质

11. 在无氧条件下，1 mol 葡萄糖酵解成乳酸，可净生成 ATP 的摩尔数为
    - A．2　　　　　　B．4
    - C．8　　　　　　D．12
    - E．38

12. 下列关于三羧酸循环的叙述中，错误的是
    - A．将三碳的乙酰基氧化成 CO_2 和 H_2O
    - B．组成成分的补充主要依赖于丙酮酸的羧化反应
    - C．是糖、脂肪和氨基酸氧化供能的共同途径
    - D．是糖、脂肪和某些氨基酸互变的桥梁
    - E．此循环不可逆

13. 葡萄糖在体内产能最多的途径是
    - A．有氧氧化

B．糖异生作用

C．糖酵解

D．磷酸戊糖通路

E．糖原的合成

14. **下述乙酰辅酶 A 在体内的代谢去路中，哪一项是不存在的**

A．进入三羧酸循环彻底氧化

B．参与胆固醇的生物合成

C．经糖酵解的逆过程生成葡萄糖

D．参与脂肪酸的合成

E．参与酮体的合成

15. **葡萄糖合成糖原第一步反应的产物是**

A．6-磷酸葡萄糖

B．葡萄糖酸

C．1-磷酸葡萄糖

D．1,6-磷酸果糖

E．6-磷酸果糖

16. **糖原的分解是**

A．肌糖原分解为葡萄糖的过程

B．淀粉分解为葡萄糖的过程

C．肝糖原分解为葡萄糖的过程

D．糖原分解为双糖的过程

E．双糖分解为单糖的过程

17. **在动物和人体内糖异生是指**

A．非糖物质转变成糖原或葡萄糖的过程

B．饥饿时糖原分解

C．糖分解为乳酸的过程

D．非糖物质转变成甘油的过程

E．葡萄糖转变成氨基酸的过程

18. **正常血糖的主要来源是**

A．肝糖原分解产生

B．脂肪转变而成

C．甘油经糖异生作用转变而来

D．乳酸转变而成

E．食物中糖经消化吸收

19. **调节血糖浓度的主要器官是**

A．小肠　　　　　B．肾

C．脑　　　　　　D．肝

E．肌肉

20. **不参与糖代谢的维生素是**

A．维生素 B_1　　　B．维生素 B_2

C．泛酸　　　　　D．维生素 B_6

E．生物素

21. **糖在体内的储存形式是**

A．葡萄糖　　　　　B．糖原

C．核糖　　　　　　D．磷酸丙糖

E．脱氧核糖

22. **糖酵解的终产物是**

A．6-磷酸葡萄糖

B．6-磷酸葡萄糖酸

C．丙酮酸

D．乳酸

E．3-磷酸甘油

23. **有氧时完全依靠糖酵解获得能量的组织是**

A．成熟红细胞　　　B．视网膜

C．皮肤　　　　　　D．肾髓质

E．小肠黏膜

24. **1 摩尔葡萄糖在三羧酸循环中所产生的 ATP 的摩尔数为**

A．8　　　　　　　B．12

C．24　　　　　　D．38

E．26

25. **合成柠檬酸的物质是**

A．丙酮酸＋乙酰辅酶 A

B．顺乌头酸＋乙酰辅酶 A

C．延胡索酸＋乙酰辅酶 A

D．草酰乙酸＋乙酰辅酶 A

E．苹果酸＋乙酰辅酶 A

26. **以下哪项不属于磷酸戊糖途径的生理作用范畴**

A．为体内脂肪酸、胆固醇及类固醇激素等物质的生物合成供氢

B．提供合成核苷酸的基本原料

C．维持红细胞膜的完整性

D．参与毒物与药物的生物转化作用

E．是供能的主要途径

27. **葡萄糖被吸收后暂时被储存起来是经过**

A．糖酵解

B．糖的有氧氧化

C．糖异生

D．糖原合成

E．磷酸戊糖途径

28．肝糖原可以补充血糖是因为肝具有

　　A．糖异生的全套酶

　　B．醛缩酶

　　C．磷酸葡萄糖异构酶

　　D．葡萄糖-6-磷酸酶

　　E．6-磷酸葡萄糖脱氢酶

29．以下哪项不属于血糖去路

　　A．氧化分解

　　B．合成糖原

　　C．转变成脂肪、某些氨基酸

　　D．转变成糖皮质激素

　　E．由尿排出

30．血糖主要是指血液中的

　　A．葡萄糖　　　　　　B．半乳糖

　　C．6-磷酸葡萄糖　　　D．果糖

　　E．核糖

31．丙酮酸脱氢酶复合体的辅酶中不包括哪种成分

　　A．TPP　　　　　　　B．硫辛酸

C．NAD$^+$　　　　　　D．FAD

E．生物素

32．糖的主要生理功能是

　　A．供能

　　B．构成组织细胞成分

　　C．促进物质的消化与吸收

　　D．运输作用

　　E．构成蛋白多糖

33．糖酵解的场所在

　　A．细胞液　　　　　　B．内质网

　　C．细胞膜　　　　　　D．线粒体

　　E．细胞核

34．由肠黏膜吸收入血的糖主要是

　　A．麦芽糖　　　　　　B．果糖

　　C．葡萄糖　　　　　　D．蔗糖

　　E．乳糖

35．糖酵解、糖异生、磷酸戊糖途径、糖原合成及分解途径的交汇点是

　　A．丙酮酸

　　B．乙酰 CoA

　　C．1-磷酸葡萄糖

　　D．6-磷酸葡萄糖

　　E．乳酸

（罗盛刚）

第五章 生物氧化

【知识要点】

一、概　述

1. 生物氧化的概念：糖、脂肪、蛋白质等有机物质在体内经过一系列的氧化分解，生成水和二氧化碳并且释放能量的过程。由于此过程与细胞利用氧和生成 CO_2 有关，所以又称为组织呼吸或者细胞呼吸。

2. 生物氧化的特点：

(1) 生物氧化是在生物细胞内进行的酶促氧化过程，反应条件温和（体温，pH 近中性和水溶液）。

(2) 生物氧化中的水是由底物脱氢经呼吸链传递，最后与氧结合而产生的。

(3) 二氧化碳是通过有机酸的脱羧基作用生成的。

(4) 逐步释放能量，一部分(约 60%)以热能的形式维持体温，另一部分(约 40%)以高能化合物形式储存利用。

(5) 生物氧化的速率受体内多种因素影响的调节。

二、线粒体呼吸链和 ATP 合成

1. 呼吸链和水的生成：由递氢体或递电子体在线粒体内膜上按一定顺序排列组成的连锁反应体系，称为电子传递链。它与细胞摄取氧的呼吸过程相关，故又称呼吸链(electron transfer chain)。

2. 呼吸链的组成及排列顺序：

(1) 复合体Ⅰ：NADH-泛醌还原酶。

　　功能：将电子从 NADH 传递给泛醌。

(2) 复合体Ⅱ：琥珀酸-泛醌还原酶。

　　功能：将电子从琥珀酸等底物传递给泛醌。

(3) 复合体Ⅲ：泛醌-细胞色素 c 还原酶。

　　功能：将电子从泛醌传递给细胞色素 c。

(4) 复合体Ⅳ：细胞色素氧化酶。

　　功能：将电子从细胞色素 c 传递给氧。

3. 线粒体中两条重要的呼吸链：

(1) NADH 氧化呼吸链。

(2) $FADH_2$ 氧化呼吸链（琥珀酸氧化呼吸链）。

4. ATP 的生成：底物水平磷酸化和氧化磷酸化。

5. 能量的转移、贮存和利用：以 ATP 为中心。

6. 胞质中 NADH 的氧化：胞浆中生成的 NADH 不能直接进入线粒体，必须经过 α-磷酸甘油穿梭或苹果酸—天冬氨酸穿梭进入线粒体后才能进行氧化，分别生成 1.5 分子或 2.5 分子 ATP。

三、二氧化碳的生成

α-单纯脱羧、α-氧化脱羧、β-单纯脱羧、β-氧化脱羧。

四、其他不生成 ATP 的氧化体系

除线粒体的氧化体系外，细胞其他部位还存在其他氧化体系，参与呼吸链以外的氧化过程。其特点是不伴有耦联磷酸化，不能生成 ATP，主要与体内代谢物、药物和毒物的生物转化有关。

【课前预习】

一、基础复习

1. 线粒体的结构与功能。

2. 氧化、还原反应的定义及其规律。

二、预习目标

1. 营养物质在生物体内彻底氧化生成＿＿＿＿＿＿＿＿和＿＿＿＿＿＿＿，并释放＿＿＿＿＿＿＿的过程称为生物氧化。由于此过程与细胞利用＿＿＿＿＿＿＿和生成＿＿＿＿＿＿＿有关，所以又称为＿＿＿＿＿＿＿＿＿或＿＿＿＿＿＿＿＿＿＿。

2. 氧化磷酸作用是指代谢物脱下的＿＿＿＿＿＿＿经＿＿＿＿＿＿＿＿＿的传递交给＿＿＿＿＿生成＿＿＿＿＿＿＿的过程与＿＿＿＿＿＿＿＿磷酸化生成＿＿＿＿＿＿＿＿的过程相＿＿＿＿＿＿＿的作用。

3. 体内 CO_2 是通过＿＿＿＿＿＿＿＿＿的脱羧反应生成的。根据脱羧基的位置不同，可分为＿＿＿＿＿＿＿＿＿和＿＿＿＿＿＿＿＿＿；又根据有机酸在脱羧的同时是否伴有脱氢，分为＿＿＿＿＿＿＿＿＿＿＿＿和＿＿＿＿＿＿＿＿＿＿＿＿。

【课后巩固】

一、名词解释

生物氧化　呼吸链　底物水平磷酸化　氧化磷酸化　P/O 比值　高能键　高能化合物　高能磷酸键　高能磷酸化合物　氧化磷酸化耦联部位　呼吸链抑制剂　解耦联剂

二、填空题

1. 生物氧化的特点有＿＿＿＿＿＿＿＿＿＿＿＿＿＿＿＿、＿＿＿＿＿＿＿＿＿＿＿、＿＿＿＿＿＿＿＿＿＿＿＿＿＿＿＿＿＿、＿＿＿＿＿＿＿＿＿＿＿＿＿。

2. 参与呼吸链构成的细胞色素有＿＿＿＿＿＿＿＿＿＿＿＿＿＿＿、＿＿＿＿＿＿＿＿＿＿＿＿、＿＿＿＿＿＿＿＿＿＿＿＿＿、＿＿＿＿＿＿＿＿＿＿＿。

3. 体内最重要的呼吸链有_____和_____两条，大多数代谢物脱下的氢主要是进入_____氧化呼吸链氧化。

4. NADH 呼吸链中 H 和电子的传递顺序为_____→_____→_____→_____→_____→_____→_____。

5. 体内 ATP 生成的方式有_____和_____，以_____为主。

6. 组成呼吸链的递氢体和递电子体包括_____、_____、_____和_____五大类。

7. 影响氧化磷酸化作用的因素有_____、_____、_____、_____。

8. 呼吸链中的三个氧化磷酸化耦联部位在_____之间、_____之间和_____之间。

9. NADH 氧化呼吸链氧化一对氢原子可生成_____分子 ATP，$FADH_2$ 氧化呼吸链氧化一对氢原子可生成_____分子 ATP。

10. 甲状腺激素能激活细胞膜上的_____，使 ATP 分解_____，ADP 浓度_____，从而使氧化磷酸化过程_____，机体耗氧量和产热量_____。

11. 胞液中的 NADH 的氢通过_____和_____两种方式进入线粒体，分别产生_____分子 ATP 和_____分子 ATP。

12. 机体最主要的直接能源物质是_____，最主要的能量贮存形式是_____。

【综合练习】

A1 型题

1. 在呼吸链中，既可作为 NADH 脱氢酶的受氢体，又可作为琥珀酸脱氢酶的受氢体的是
   A．FAD　　　　　B．CoQ
   C．Cyt c　　　　D．Cyt b
   E．铁硫蛋白

2. 线粒体呼吸链不包括以下何种物质
   A．FAD　　　　　B．NAD^+
   C．TPP　　　　　D．CoQ
   E．FMN

3. 以下化合物中不含高能磷酸键的是
   A．磷酸烯醇式丙酮酸
   B．ATP
   C．ADP
   D．AMP

   E．1,3-二磷酸甘油酸

4. NADH 氧化呼吸链的排列顺序为
   A．NAD^+→复合体Ⅰ→CoQ→复合体Ⅲ
   B．NAD^+→复合体Ⅱ→CoQ→复合体Ⅲ
   C．NAD^+→复合体Ⅰ→CoQ→复合体Ⅱ→复合体Ⅲ
   D．NAD^+→复合体Ⅱ→复合体Ⅰ→CoQ→复合体Ⅲ
   E．NAD^+→复合体Ⅰ→复合体Ⅱ→CoQ→复合体Ⅲ

5. 细胞色素氧化酶指的是
   A．CoQ　　　　　B．Cyt b
   C．Cyt c　　　　D．Cyt aa_3
   E．FMN

6. 下列哪项物质浓度升高可抑制氧化磷酸化的过程
   A．ATP
   B．ADP
   C．NADH
   D．琥珀酸
   E．甲状腺素

7. 以下有关生物氧化的错误描述是
   A．是在生物体内发生的氧化反应
   B．是一系列酶促反应
   C．氧化过程伴有能量逐步释放
   D．氧化过程均伴有 ATP 生成
   E．物质氧化的产物与体外基本相同，但氧化过程不同

8. 呼吸链存在于细胞的
   A．细胞核中
   B．细胞液中
   C．线粒体内膜上
   D．微粒体中
   E．过氧化物酶体中

9. 参与构成呼吸链的维生素是
   A．维生素 A
   B．维生素 B_1
   C．维生素 B_2
   D．维生素 C
   E．维生素 D

10. 以下关于细胞色素的正确叙述是
    A．均为递氢体
    B．均为递氧体
    C．都可与一氧化碳结合并失去活性
    D．辅基均为铁卟啉
    E．统称为细胞色素氧化酶

11. 呼吸链中将氢分离为质子和电子的成分是
    A．尼克酰胺
    B．黄素蛋白
    C．铁硫蛋白
    D．细胞色素
    E．辅酶 Q

12. 不参与 NADH 氧化呼吸链组成的物质是
    A．FMN
    B．FAD
    C．辅酶 Q
    D．铁硫蛋白
    E．Cyt c

13. 一氧化碳能抑制呼吸链中的
    A．FAD
    B．FMN
    C．铁硫蛋白
    D．Cyt aa_3
    E．Cyt c

14. 解耦联剂是
    A．一氧化碳
    B．氰化物
    C．鱼藤酮
    D．2,4-二硝基苯酚
    E．异戊巴比妥

15. 细胞色素在呼吸链中的排列顺序是
    A．$b \to c \to c_1 \to aa_3 \to O_2$
    B．$c \to b \to c_1 \to aa_3 \to O_2$
    C．$c_1 \to c \to b \to aa_3 \to O_2$
    D．$b \to c_1 \to c \to aa_3 \to O_2$
    E．$c \to c_1 \to b \to aa_3 \to O_2$

16. 氧化时脱下的氢不进入 NADH 呼吸链的物质是
    A．异柠檬酸
    B．β-羟丁酸
    C．丙酮酸
    D．琥珀酸
    E．谷氨酸

17. 肌肉收缩所需能量的直接供应者是
    A．葡萄糖
    B．蛋白质
    C．乙酰辅酶 A
    D．ATP
    E．脂肪

18. 体内 ATP 生成的主要方式是
    A．肌酸磷酸化
    B．氧化磷酸化
    C．葡萄糖磷酸化
    D．底物水平磷酸化
    E．有机酸脱羧

19. 催化底物水平磷酸化反应的酶是
    A．己糖激酶
    B．琥珀酸脱氢酶
    C．3-磷酸甘油醛脱氢酶
    D．磷酸果糖激酶
    E．丙酮酸激酶

20. 不属于高能化合物的物质是
    A．GTP
    B．ATP
    C．磷酸肌酸
    D．3-磷酸甘油醛
    E．1,3-二磷酸甘油酸

21. 不抑制呼吸链电子传递过程的物质是
    A．CO
    B．抗霉素 A
    C．异戊巴比妥
    D．水杨酸

E．鱼藤酮

22．甲状腺功能亢进患者不会出现

A．ATP 合成增多

B．ATP 分解增快

C．耗氧量增多

D．呼吸加快

E．氧化磷酸化过程抑制

23．细胞色素氧化酶的抑制剂是

A．异戊巴比妥　　　B．水杨酸

C．鱼藤酮　　　　　D．CN^-

E．2,4-二硝基酚

24．呼吸链的氧化产物是

A．H^+　　　　　　B．O^{2-}

C．H_2O　　　　　D．H_2O_2

E．CO_2

25．能以氧为直接受电子体的是

A．Cyt aa_3　　　　B．Cyt b

C．Cyt c　　　　　D．Cyt c_l

E．Cyt P_{450}

26．人体内 CO_2 的生成方式是

A．有机酸脱氢

B．有机酸脱羧

C．有机酸羧化

D．C 与 O_2 直接化合

E．CO 与 O_2 直接结合

27．琥珀酸脱氢酶的辅基是

A．FAD　　　　　　B．FMN

C．NAD^+　　　　　D．$NADP^+$

E．CoQ

28．劳动或运动时，ATP 因消耗而大量减少，此时

A．ADP 相应增加，ATP/ADP 下降，呼吸随之加快

B．ADP 相应减少，以维持 ATP/ADP 恢复正常

C．ADP 大量减少，ATP/ADP 增高，呼吸随之加快

D．ADP 大量磷酸化以维持 ATP/ADP 不变

E．以上都不对

29．氰化物中毒时，被抑制的是

A．Cyt b　　　　　B．Cyt c_1

C．Cyt c　　　　　D．Cyt a

E．Cyt aa_3

30．肝细胞液中的 NADH 进入线粒体的机制是

A．肉碱穿梭

B．柠檬酸—丙酮酸循环

C．α-磷酸甘油穿梭

D．苹果酸—天冬氨酸穿梭

E．丙氨酸—葡萄糖循环

（唐萍）

第六章 脂类代谢

【知识要点】

一、概 述

1. 脂类的分布、含量及生理功能。

2. 脂肪的代谢概况。

二、甘油三酯的中间代谢

1. 甘油三酯的分解代谢:

(1) 脂肪的动员:当饥饿或运动时贮存在脂肪细胞中的脂肪被脂肪酶逐步水解为游离脂酸(free fatty acid, FFA)及甘油并释放入血以供其他组织氧化利用,此过程称为脂肪动员。

$$\text{TG} \xrightarrow[\substack{H_2O \quad\quad 脂肪酸}]{\text{TG脂肪酶}} \text{DG} \xrightarrow[\substack{H_2O \quad\quad 脂肪酸}]{\text{DG脂肪酶}} \text{MG} \xrightarrow[\substack{H_2O \quad\quad 脂肪酸}]{\text{MG脂肪酶}} 甘油$$

(2) 甘油的代谢:甘油经活化后脱氢,转变成磷酸二羟丙酮,随糖的分解途径代谢。

(3) 脂肪酸的 β-氧化:

① 脂酸活化为脂酰 CoA。

② 脂酰 CoA 进入线粒体。

③ 脂酰 CoA 经过多次 β-氧化转变为乙酰 CoA:脱氢、加水、再脱氢、硫解。

④ 乙酰 CoA 进入三羧酸循环彻底氧化。

(4) 酮体的生成和利用:

① 酮体在肝内生成。

② 酮体在肝外组织氧化分解。

③ 酮体是脂酸在肝内的正常中间代谢产物。

④ 酮症酸中毒:

· 在饥饿、高脂低糖膳食及糖尿病时,脂酸动员加强,酮体生成增加,尤其对于未控制的糖尿病患者,血液酮体的含量可高出正常情况的数十倍,这时丙酮约占酮体总量的一半。

· 酮体生成超过肝外组织利用的能力,引起血中酮体升高,可导致酮症酸中毒。

· 酮尿:酮症酸中毒时,酮体随尿液排出,引起酮尿。尿中酮体含量可高达 5000 mg/24 h(正常为 ≤125 mg/24 h)。酮症酸中毒严重时的患者,可嗅到呼出的丙酮等臭味(烂苹果味),有助于医生的临床诊断。

2. 甘油三酯的合成代谢:体内甘油三酯合成的主要场所是肝脏、脂肪组织和小肠,肝脏的合成能力最强。

(1) 肝脏利用糖代谢提供的甘油和由糖转化成的脂肪酸合成甘油三酯。

(2) 脂肪组织可利用糖代谢提供的甘油和由糖转化成的脂肪酸，也可利用水解 CM 及 VLDL 中甘油三酯所产生的脂肪酸合成甘油三酯。

(3) 小肠黏膜细胞利用消化吸收的甘油一酯和脂肪酸合成甘油三酯。

机体能利用乙酰 CoA 和 $NADPH+H^+$，在胞液中合成脂肪酸，其过程包括丙二酰 CoA 的生成、缩合、加氢、脱水、再加氢 5 步反应，这 5 步反应每循环 1 次，将碳链延长 2 个碳原子。该循环反复进行，生成偶数碳脂酰辅酶 A，最后硫解生成游离脂肪酸。通过该途径生成的脂肪酸一般为 16 碳的软脂酸，更长碳链脂肪酸的合成则需对软脂酸进一步加工，将碳链延长。生成的脂肪酸还可以经脱氢合成不饱和脂肪酸，但不能合成必需脂肪酸。

三、甘油磷脂的代谢

1. 甘油磷脂有两条基本合成途径：
(1) 磷脂酰胆碱及磷脂酰乙醇胺主要通过甘油二酯途径合成。
(2) 肌醇磷脂、丝氨酸磷脂及心磷脂通过 CDP-甘油二酯途径合成。
2. 磷脂酶催化甘油磷脂降解。
3. 甘油磷脂与脂肪肝：正常人的肝内含脂类约占细胞重量的 3%～5%，其中甘油三酯占一半，如脂类总量超过细胞重量的 10%，甘油三酯在肝内过量存积超过 2.5%，即称为脂肪肝。

形成脂肪肝的常见原因：
(1) 肝内脂肪来源过多。
(2) 肝功能障碍，氧化脂肪酸的能力减弱，合成、释放脂蛋白的功能降低。
(3) 合成磷脂的原料不足，使得甘油二酯转变为磷脂的量减少，转而生成甘油三酯。又因磷脂合成量减少，导致极低密度脂蛋白（VLDL）生成障碍，使肝内脂肪输出减少，在肝细胞堆积，形成脂肪肝。

四、胆固醇的代谢

全身各组织合成胆固醇的细胞中，肝脏合成胆固醇的量最大，其次是小肠。

胆固醇合成的原料是乙酰 CoA 和 $NADPH+H^+$，HMG-CoA 还原酶是胆固醇合成的关键酶。胆固醇不能被彻底氧化分解，只能进行有限降解或转化。在肝脏，胆固醇可被转化成胆汁酸。在肾上腺和性腺，胆固醇可被转化成类固醇激素。在肝、小肠黏膜和皮肤等处，胆固醇可被转化成 7-脱氢胆固醇，再贮存于皮下，经紫外线照射生成维生素 D_3。

五、血 脂

血浆所含脂类统称血脂，包括：甘油三酯、磷脂、胆固醇及其酯以及游离脂酸。脂质不溶于水，在血浆中只能以脂蛋白的形式运输。按超速离心法可将脂蛋白分为乳糜微粒(CM)、极低密度脂蛋白(VLDL)、低密度脂蛋白(LDL)和高密度脂蛋白(HDL)。CM 主要转运外源性甘油三酯及胆固醇，VLDL 主要转运内源性甘油三酯，LDL 将肝脏合成的内源性胆固醇转运至肝外组织，HDL 参与胆固醇的逆向转运。

血浆脂蛋白代谢异常导致高脂血症或血脂异常。高脂血症又称高脂蛋白血症。高脂蛋白血症有六型（Ⅰ、Ⅱa、Ⅱb、Ⅲ、Ⅳ和Ⅴ）。我国发病率高的高脂血症主要是Ⅱa和Ⅳ。

高脂血症诊断标准：

成人　　　　　　　　　　TG > 2.26 mmol/L (200 mg/dl)

（空腹 12~14 h）　胆固醇 > 6.21 mmol/L (240 mg/dl)

儿童　　　　　　　　　　胆固醇 > 4.14 mmol/L (160 mg/dl)

高脂蛋白血症分型

类型	血浆脂蛋白变化	血脂变化	
Ⅰ	乳糜微粒增高	甘油三酯↑↑↑	胆固醇↑
Ⅱa	低密度脂蛋白增加	胆固醇↑↑	
Ⅱb	低密度及极低密度脂蛋白同时增加	胆固醇↑↑	甘油三酯↑↑
Ⅲ	中间密度脂蛋白增加（电泳出现宽 β 带）	胆固醇↑↑	甘油三酯↑↑
Ⅳ	极低密度脂蛋白增加	甘油三酯↑↑	
Ⅴ	极低密度脂蛋白及乳糜微粒同时增加	甘油三酯↑↑↑	胆固醇↑

【课前预习】

一、基础复习

1. 甘油三酯的化学结构及生理功能。
2. 甘油三酯的水解产物。
3. 胆固醇在食物中的分布情况。

二、预习目标

1. 脂肪又称_____，其主要功能是_____。类脂包括_____、_____、_____和_____，其主要功能是_____。

2. 脂酰 CoA 每一次 β-氧化过程包括_____、_____、_____及_____四个步骤，生成 1 分子_____和比原来少 2 个碳原子的_____。

3. 体内胆固醇的来源有两条：一是_____，二是_____。

4. _____是脂类在血浆中的运输形式。

【课后巩固】

一、名词解释

脂类　　必需脂肪酸　　脂肪动员　　激素敏感脂肪酶　　脂解激素　　抗脂解激素　脂肪酸的 β-氧化　　酮体　脂肪肝　LCAT　　ACAT　　血脂　　载脂蛋白　　CM　VLDL　　高脂蛋白血症

二、填空题

1. _____和_____总称为脂类。

2. 脂肪酸的活化在＿＿＿＿＿＿＿＿＿＿＿＿＿进行，活化形式为＿＿＿＿＿＿＿＿＿，后者由＿＿＿＿＿＿＿＿携带进入＿＿＿＿＿＿＿＿＿再继续氧化。

3. 1分子硬脂酸(十八碳饱和脂肪酸)彻底氧化时，要经过＿＿＿＿＿＿次 β-氧化，生成＿＿＿＿＿＿＿＿分子乙酰 CoA，＿＿＿＿＿＿＿＿分子 FADH2 和＿＿＿＿＿＿＿＿分子 NADH。

4. 生成酮体的原料是＿＿＿＿＿＿＿＿，生成部位是＿＿＿＿＿＿。酮体包括＿＿＿＿＿＿、＿＿＿＿＿＿＿和＿＿＿＿＿＿＿三种物质。酮体合成过程的限速酶是＿＿＿＿＿＿＿＿。

5. 利用酮体的酶主要有＿＿＿＿＿＿＿＿＿和＿＿＿＿＿＿＿＿。

6. 酮体合成的酶系存在于＿＿＿＿＿＿＿＿，氧化利用的酶系存在于＿＿＿＿＿＿。

7. 合成脂肪的两种活化原料是＿＿＿＿＿＿＿和＿＿＿＿＿＿。

8. 合成脂肪酸的原料是＿＿＿＿＿＿＿，反应中的氢是由＿＿＿＿＿＿＿＿＿提供的。

9. 必需脂肪酸包括＿＿＿＿＿＿、＿＿＿＿＿＿＿和＿＿＿＿＿＿。

10. 体内合成胆固醇的主要脏器是＿＿＿＿＿＿，合成原料是＿＿＿＿＿＿＿。

11. 胆固醇在体内可转变为＿＿＿＿＿＿＿、＿＿＿＿＿＿和＿＿＿＿＿＿等重要物质。

12. 血脂是指＿＿＿＿＿＿，包括＿＿＿＿＿＿、＿＿＿＿＿＿、＿＿＿＿＿＿和＿＿＿＿＿＿。

13. 脂类在血浆中的存在形式和运输形式是＿＿＿＿＿＿＿＿，是由＿＿＿＿＿＿＿和＿＿＿＿＿＿＿两部分组成的。

14. 超速离心法可将血浆脂蛋白质分成＿＿＿＿＿＿＿＿种，按密度由低至高依次为＿＿＿＿＿＿、＿＿＿＿＿＿＿、＿＿＿＿＿＿和＿＿＿＿＿＿。

15. 转运外源性脂肪的脂蛋白是＿＿＿＿＿＿，转运内源性脂肪的脂蛋白是＿＿＿＿＿，胆固醇含量最多的脂蛋白是＿＿＿＿＿＿，密度最高的脂蛋白是＿＿＿＿＿＿。

【综合练习】

A1 型题

1. 不属于类脂的是
   A．糖脂
   B．胆固醇酯
   C．甘油三酯
   D．胆固醇
   E．磷脂

2. 下列哪项不是脂肪的功能
   A．保护内脏
   B．供能
   C．转变为胆汁酸
   D．保持体温
   E．储能

3. 在体内彻底氧化后，每克脂肪所产生能量是每克葡萄糖所产生能量的多少倍
   A．1倍多
   B．2倍多
   C．3倍多
   D．4倍多
   E．5倍多

4. 甘油的代谢去路为
   A．合成胆固醇
   B．加入糖代谢
   C．合成必需脂肪酸
   D．转变成蛋白质
   E．形成血浆脂蛋白

5. 甘油激酶所催化的反应是
   A．生成 a-磷酸甘油
   B．生成磷酸二羟丙酮
   C．生成丙酮
   D．生成甘油三酯
   E．生成甘油

6. 与脂肪酸活化有关的酶是

A．HMG—CoA 合成酶

B．脂蛋白脂肪酶

C．乙酰乙酰辅酶 A 合成酶

D．肉碱脂酰基转移酶

E．脂酰辅酶 A 合成酶

7．脂肪酸的活化形式为

A．甘油三酯

B．乙酰辅酶 A

C．磷脂酰胆碱

D．脂酰辅酶 A

E．脂肪酸—清蛋白复合物

8．脂肪水解的限速酶是

A．甘油一酯脂肪酶

B．甘油二酯脂肪酶

C．甘油三酯脂肪酶

D．甘油激酶

E．脂酰辅酶 A 合成酶

9．下述哪种情况，机体能量的提供主要来自脂肪

A．安静状态　　　B．进餐后

C．缺氧　　　　　D．空腹

E．禁食

10．下列哪种激素是抗脂解激素

A．胰岛素　　　　B．胰高血糖素

C．肾上腺素　　　D．去甲肾上腺素

E．生长素

11．下列哪种酶称为激素敏感性脂肪酶

A．甘油三酯脂肪酶

B．甘油二酯脂肪酶

C．甘油一酯脂肪酶

D．脂蛋白脂肪酶

E．甘油激酶

12．不能氧化利用脂肪酸的组织是

A．肾脏　　　　　B．脑

C．肌肉　　　　　D．心肌

E．肝脏

13．携带脂酰 CoA 通过线粒体内膜的载体是

A．载脂蛋白　　　B．血浆脂蛋白

C．血浆清蛋白　　D．辅酶 A

E．肉碱

14．脂肪酸的β-氧化是发生在细胞的

A．细胞质　　　　B．高尔基复合体

C．线粒体　　　　D．内质网

E．细胞核

15．β-氧化第一次脱氢的辅酶是

A．FAD　　　　　B．FMN

C．NAD^+　　　　D．$NADP^+$

E．TPP

16．脂肪酸β-氧化的酶促反应顺序是

A．加水、脱氢、硫解、再脱氢

B．脱氢、再脱氢、加水、硫解

C．硫解、脱氢、加水、再脱氢

D．脱氢、脱水、再脱氢、硫解

E．脱氢、加水、再脱氢、硫解

17．软脂酰辅酶 A 一次β-氧化的产物经过三羧酸循环和氧化磷酸化生成 ATP 的摩尔数为

A．5　　　　　　　B．9

C．12　　　　　　D．14

E．36

18．1 摩尔软脂酸在体内彻底氧化生成多少摩尔 ATP

A．106　　　　　　B．96

C．239　　　　　　D．86

E．176

19．脂肪酸的β-氧化需要下列哪种维生素参加

A．维生素 B_1+维生素 B_2+泛酸

B．维生素 B_{12}+叶酸+维生素 PP

C．维生素 B_2+维生素 PP+泛酸

D．维生素 B_6+维生素 B_1+泛酸

E．维生素 B_2+维生素 B_1+维生素 B_6

20．脂肪酸活化后，β-氧化的反复进行不需要下列哪种酶的参与

A．脂酰辅酶 A 脱氢酶

B．β-羟脂酰辅酶 A 脱氢酶

C．α,β-烯脂酰辅酶 A 水化酶

D．β-酮脂酰辅酶 A 硫解酶

E．硫激酶

21. 脂肪大量动员时肝内生成的乙酰辅酶 A 主要转变为
    A. 葡萄糖
    B. 胆固醇
    C. 脂肪酸
    D. 酮体
    E. 胆固醇酯

22. 合成酮体的器官和细胞内定位，下列哪项搭配正确
    A. 肝脏—线粒体
    B. 肌肉—内质网
    C. 肌肉—细胞核
    D. 大脑—细胞膜
    E. 肝脏—微粒体

23. 生成酮体的原料是
    A. 乙酰乙酰辅酶 A
    B. β-羟丁酸
    C. 乙酰辅酶 A
    D. 丙酮
    E. 葡萄糖

24. 长期饥饿后血液中哪种物质的含量增加
    A. 葡萄糖
    B. 血红素
    C. 酮体
    D. 乳酸
    E. 丙酮酸

25. 饥饿状态下，酮体生成增多对下列哪种组织或器官最为重要
    A. 肾脏
    B. 脑
    C. 骨骼肌
    D. 肝脏
    E. 肺脏

26. 在酮体的利用中，琥珀酰 CoA 转硫酶所催化的反应是
    A. 将β-羟丁酸转变为乙酰乙酸
    B. 将琥珀酰 CoA 转变为乙酰乙酸
    C. 将乙酰乙酸转变为乙酰乙酸 CoA
    D. 将丙酮转变为乙酰乙酸
    E. 将乙酰乙酰 CoA 转变为乙酰 CoA

27. HMG-CoA 裂解酶的反应产物是
    A. 1 分子乙酰乙酸+1 分子丙酮
    B. 1 分子乙酰乙酸+1 分子 CO_2
    C. 1 分子乙酰乙酸+1 分子β-羟丁酸
    D. 1 分子乙酰乙酸+1 分子乙酰 CoA
    E. 1 分子乙酰乙酸+1 分子 CoA

28. 肝脏在脂肪代谢中产生过多酮体主要是由于
    A. 肝功能不好
    B. 肝内脂肪代谢紊乱
    C. 酮体是病理性代谢产物
    D. 脂肪摄食过多
    E. 糖的供应不足

29. 可由呼吸道呼出的酮体是
    A. 乙酰乙酸
    B. β-羟丁酸
    C. 乙酰乙酰 CoA
    D. 丙酮
    E. 以上都是

30. 脂肪酸生物合成所需的氢由下列哪一递氢体提供
    A. $NADH+H^+$
    B. $NADP^+$
    C. $FMNH_2$
    D. $NADPH+H^+$
    E. $FADH_2$

31. 关于必需脂肪酸，下列哪项叙述是正确的
    A. 必需脂肪酸就是机体需要的脂肪酸
    B. 必需脂肪酸均为不饱和脂肪酸
    C. 不饱和脂肪酸均为必需脂肪酸
    D. 必需脂肪酸又称固定酸
    E. 必需脂肪酸与非必需脂肪酸可相互转变

32. 体内储存的脂肪酸主要来自
    A. 类脂
    B. 生糖氨基酸
    C. 葡萄糖
    D. 脂肪酸
    E. 酮体

33. 胞质中合成脂肪酸的限速酶是
    A. β-酮脂酰合成酶
    B. 水化酶
    C. 乙酰辅酶 A 羧化酶
    D. 脂酰转移酶
    E. 软脂酸脱酰酶

34. 关于脂肪酸生物合成，下列哪一项是错误的
    A. 存在于胞液中
    B. 生物素作为辅助因子参与
    C. 合成过程中，$NADPH+H^+$转变成 $NADP^+$
    D. 不需要 ATP 参与

E．以 COOHCH₂CO～SCoA 作为碳源

35．下列哪种物质的生物合成需要 CTP

A．磷脂　　　　　B．酮体

C．蛋白质　　　　D．糖原

E．胆固醇

36．下列磷脂中，哪一种含有胆胺

A．脑磷脂　　　　B．卵磷脂

C．磷脂酸　　　　D．脑苷脂

E．心磷脂

37．卵磷脂生物合成所需的活性胆碱是

A．TDP-胆碱　　　B．ADP-胆碱

C．UDP-胆碱　　　D．GDP-胆碱

E．CDP-胆碱

38．磷酸甘油酯中，通常有不饱和脂肪酸与下列哪一个碳原子或基团连接

A．甘油的第一位碳原子

B．甘油的第二位碳原子

C．甘油的第三位碳原子

D．磷酸

E．胆碱

39．在脑磷脂转化生成卵磷脂的过程中，需要下列哪种氨基酸的参与

A．蛋氨酸　　　　B．鸟氨酸

C．精氨酸　　　　D．谷氨酸

E．天冬氨酸

40．下列哪一种物质在体内可直接合成胆固醇

A．丙酮酸　　　　B．草酸

C．苹果酸　　　　D．乙酰 CoA

E．a-酮戊二酸

41．胆固醇是下列哪一种物质的前体

A．乙酰 CoA　　　B．维生素 A

C．胆红素　　　　D．维生素 D

E．葡萄糖

42．胆固醇生物合成的限速酶是

A．HMGCoA 还原酶

B．HMGCoA 合成酶

C．HMGCoA 裂解酶

D．乙酰乙酸硫激酶

E．琥珀酰 CoA 转硫酶

43．下列哪种物质是合成酮体和胆固醇的共同中间产物

A．乙酰乙酸

B．β-羟脂酰 CoA

C．丙二酰 CoA

D．HMGCoA

E．琥珀酰 CoA

44．细胞内催化脂肪酰基转移至胆固醇生成胆固醇酯的酶是

A．LCAT

B．脂酰转运蛋白

C．脂肪酸合成酶

D．肉碱脂酰转移酶

E．ACAT

45．血浆中催化脂肪酰基转运至胆固醇生成胆固醇酯的酶是

A．LCAT

B．ACAT

C．磷脂酶

D．肉碱脂酰转移酶

E．脂酰转运蛋白

46．胆固醇的主要代谢去路是

A．转变成类固醇

B．转变成雌激素

C．转变成雄激素

D．转变成胆汁酸

E．转变成醛固酮

47．空腹血脂通常是指餐后多少小时的血浆脂质含量

A．2～4 h　　　　B．6～8 h

C．8～10 h　　　D．12～14 h

E．16 h 以后

48．密度最低的血浆脂蛋白是

A．HDL　　　　　B．preβ-LP

C．β-LP　　　　　D．a-LP

E．CM

49．脂蛋白脂肪酶催化

A．LDL 中甘油三酯水解

B．HDL 中甘油三酯水解

C．CM 中甘油三酯水解

D．脂肪细胞中甘油三酯水解

E．肝细胞中甘油三酯水解

50. 将胆固醇由肝内运到肝外的脂蛋白是

A．CM   B．LDL

C．VLDL   D．HDL

E．IDL

51. 内源性脂肪主要由下列哪一种脂蛋白运输

A．CM   B．LDL

C．VLDL   D．HDL

E．IDL

52. 逆向转运胆固醇的脂蛋白是

A．CM   B．LDL

C．VLDL   D．HDL

E．IDL

53. 下列哪种化合物不含高能硫酯键

A．脂酰辅酶 A

B．丙二酸单酰辅酶 A

C．琥珀酰辅酶 A

D．乙酰辅酶 A

E．辅酶 A

54. 下列哪种物质的合成原料不是乙酰 CoA

A．脂肪酸   B．胆固醇

C．酮体   D．柠檬酸

E．甘油磷脂

55. 机体中以下哪种物质不足会导致脂肪肝

A．丙氨酸   B．胆碱

C．VitA   D．磷酸二羟丙酮

E．柠檬酸

56. 脂类在血浆中的运输形式是

A．清蛋白   B．糖脂

C．脂蛋白   D．球蛋白

E．载脂蛋白

57. CM 的合成场所是

A．小肠   B．肌肉

C．肝脏   D．心肌

E．血液

58. 临床上的Ⅳ型高脂血症可见于哪种血脂含量增高

A．甘油三酯   B．磷脂

C．胆固醇   D．胆固醇酯

E．游离脂肪酸

59. 下列哪种血浆脂蛋白含胆固醇最多

A．乳糜微粒

B．前β-脂蛋白

C．a-脂蛋白

D．β-脂蛋白

E．清蛋白—脂肪酸复合物

60. HDL 的主要合成场所是

A．肝脏   B．心肌

C．肌肉   D．小肠和肺

E．心肌和肝脏

61. 正常人空腹时，血浆中主要血浆脂蛋白是

A．CM   B．VLDL

C．LDL   D．IDL

E．HDL

62. 下列哪种脂蛋白具有抗动脉粥样硬化的作用

A．FFA   B．HDL

C．CM   D．LDL

E．VLDL

63. LDL 中含量最多的物质是

A．游离脂肪酸   B．甘油三酯

C．磷脂   D．胆固醇

E．载脂蛋白

64. 合成 VLDL 的主要部位是

A．肌肉   B．小肠

C．肝   D．心

E．脾

65. 血浆脂蛋白不含下列哪种物质

A．胆固醇   B．酮体

C．甘油三酯   D．载脂蛋白

E．磷脂

（唐萍）

第七章 氨基酸代谢

【知识要点】

一、蛋白质的营养作用

1. 蛋白质的生理功能：① 维持组织细胞的生长、更新及修复（主要功能）；② 参与体内各种重要的生理活动；③ 氧化供能。

2. 蛋白质的需要量：① 氮平衡的概念；② 氮平衡的分类及涉及的不同人群；③ 蛋白质的需要量。

3. 蛋白质的营养价值：

(1) 必需氨基酸：① 概念；② 种类。

(2) 蛋白质的营养价值与蛋白质的互补作用：① 蛋白质营养价值高低的决定因素；② 蛋白质互补作用的概念。

二、氨基酸的一般代谢

1. 氨基酸的代谢概况：

(1) 氨基酸代谢库（或称氨基酸代谢池）的概念。

(2) 氨基酸的来源。

(3) 氨基酸的去路。

2. 氨基酸的脱氨基作用：氨基酸的一般分解代谢包括脱氨基作用和脱羧基作用，其中氨基酸脱氨基是主要方式。

(1) 氧化脱氨基作用：

① 概念。

② L-谷氨酸脱氢酶的特点。

③ 谷氨酸进行氧化脱氨基作用的产物。

④ 其逆反应的意义。

(2) 转氨基作用：

① 概念。

② 氨基转移酶（又称转氨酶）：

· 丙氨酸氨基转移酶（ALT），又称谷丙转氨酶（GPT）。

· 天冬氨酸氨基转移酶（AST），又称谷草转氨酶（GOT）。

· 临床应用。

· 辅酶。

③ 转氨基作用的意义。

④ 其逆反应的意义。

(3) 联合脱氨基作用：① 两个作用的联合；② 需要两种酶，含有两种辅酶，涉及两种维生素；③ α-酮戊二酸的作用；④ 实质；⑤ 逆过程。

(4) 骨骼肌和心肌中是通过嘌呤核苷酸循环过程脱去氨基。

3. 氨的代谢：

(1) 氨在体内有三个主要来源：

① 氨基酸的脱氨基作用生成的氨（主要来源）。

② 由肠道吸收的氨：a. 蛋白质或氨基酸的腐败作用产生的氨；b. 尿素水解产生的氨。

③ 肾脏泌氨：谷氨酰胺水解产生的氨。

(2) 氨的转运：

① 谷氨酰胺的运氨作用：过程，生理意义。

② 丙氨酸-葡萄糖的循环作用：过程，生理意义。

(3) 氨的去路：

① 尿素的生物合成（鸟氨酸循环又称尿素循环）：原料，耗能，限速酶，调节。

② 合成谷氨酰胺。

③ 合成非必需氨基酸和其他含氮化合物。

④ 以铵盐的形式通过肾脏随着尿液排出。

(4) 高血氨和氨中毒的生化机理：

① 高血氨的概念。

② 氨中毒导致肝性脑病的生化机理：肝功能受损→尿素合成↓→血氨↑→脑中 α-酮戊二酸↓（与氨生成谷氨酸）→三羧酸循环↓→ATP 生成↓→脑功能↓→肝性脑病。

4. α-酮酸的代谢：① 生成非必需氨基酸；② 转变成糖及脂肪；③ 氧化供能。

三、个别氨基酸的代谢

1. 氨基酸的脱羧基作用：

(1) 脱羧基作用的概念。

(2) 氨基酸脱羧酶的辅酶。

(3) 几种重要的胺类物质：① 组胺；② γ-氨基丁酸；③ 5-羟色胺；④ 牛磺酸；⑤ 多胺。它们的生成过程和生理意义。

2. 一碳单位的代谢：① 一碳单位的概念；② 一碳单位的载体及结合位点；③ 一碳单位的生产及相互转变；④ 一碳单位代谢的生理意义。

3. 芳香族氨基酸的代谢：

(1) 苯丙氨酸的代谢：导致苯丙酮酸尿症的生化机理。

(2) 酪氨酸的代谢：① 酪氨酸转氨酶催化生成尿黑酸（尿黑酸症）；② 酪氨酸羟化酶生成儿茶酚胺；③ 酪氨酸酶催化生成黑色素（白化病）；④ 酪氨酸可碘化生成甲状腺素。

(3) 色氨酸的代谢。

4. 含硫氨基酸的代谢：

(1) 蛋氨酸代谢：① 蛋氨酸与转甲基作用；② 蛋氨酸循环的概念及其生理意义。

(2) 半胱氨酸与胱氨酸代谢：① 谷胱甘肽的生理功能；② 活性硫酸的形式。

四、糖、脂类与氨基酸代谢的联系

1. 糖与脂类代谢的联系：① 糖容易转变成脂肪；② 脂肪难以转变为糖。

2. 糖与氨基酸代谢的联系：

(1) 氨基酸→α-酮酸→三羧酸循环→二氧化碳和水
　　　　　　　　┕→糖异生→糖

(2) 糖→α-酮酸→非必需氨基酸

3. 脂类与氨基酸代谢的联系：

(1) 氨基酸→乙酰辅酶 A→脂肪酸→脂肪
　　　　　　　　┕→胆固醇

(2) 脂肪→甘油→磷酸甘油醛→非必需氨基酸

【课前预习】

一、基础复习

1. 蛋白质化学：① 蛋白质的分子组成；② 蛋白质的分子结构；③ 蛋白质的理化性质。

2. 氨基酸化学：① 氨基酸的结构特点；② 氨基酸的分类。

3. 辅酶与维生素：① 结合酶的组成及各部分功能；② 维生素的概念及分类；③ B 族维生素及其活性形式。

4. 糖代谢和脂类代谢：① 三羧酸循环；② 糖异生；③ 脂肪的分解代谢。

二、预习目标

1. 蛋白质的主要生理功能是＿＿＿＿＿＿＿＿＿、＿＿＿＿＿＿＿＿＿；氮平衡是指比较人体每日＿＿＿＿＿＿和＿＿＿＿＿＿之间的比例关系,包括＿＿＿＿＿＿＿、＿＿＿＿＿＿和＿＿＿＿＿＿；

2. 氨基酸的分解代谢途径有＿＿＿＿＿＿和＿＿＿＿＿＿, 其中以＿＿＿＿＿＿为主。

3. 氨基酸的脱氨基作用主要有＿＿＿＿＿＿＿、＿＿＿＿＿＿和＿＿＿＿＿＿, 其中以＿＿＿＿＿＿最重要。

4. 体内最重要的转氨酶是＿＿＿＿＿＿和＿＿＿＿＿＿,分别在＿＿＿＿＿＿和＿＿＿＿＿＿中活性最高。

5. 联合脱氨基作用是＿＿＿＿＿＿作用和＿＿＿＿＿＿作用的联合。

6. 组胺是＿＿＿＿＿＿脱羧基生成的, 其生理功能是＿＿＿＿＿＿＿＿、＿＿＿＿＿＿和＿＿＿＿＿＿。

7. γ-氨基丁酸是＿＿＿＿＿＿脱羧基生成的, 其生理功能是＿＿＿＿＿＿。

8. 5-羟色胺是＿＿＿＿＿＿羟化脱羧基生成的, 其生理功能是＿＿＿＿＿＿和＿＿＿＿＿＿、＿＿＿＿＿＿。

9. 一碳单位是指＿＿＿＿＿＿, 其载体是＿＿＿＿＿＿,

来源是＿＿＿＿＿＿＿＿＿＿＿＿、＿＿＿＿＿＿＿＿＿＿、＿＿＿＿＿＿＿＿＿＿和＿＿＿＿＿＿＿＿＿＿，主要生理意义是＿＿＿＿＿＿＿＿＿＿＿＿＿。

10. 儿茶酚胺包括＿＿＿＿＿＿＿＿＿＿、＿＿＿＿＿＿＿＿＿和＿＿＿＿＿＿＿＿＿＿＿。

11. 体内血氨的来源有＿＿＿＿＿＿＿＿＿＿＿、＿＿＿＿＿＿＿＿＿＿和＿＿＿＿＿＿＿＿＿，其中血氨的主要来源是＿＿＿＿＿＿＿＿＿＿，肾脏氨的主要来源是＿＿＿＿＿＿＿＿＿。

12. 氨在血液中主要是以＿＿＿＿＿＿＿及＿＿＿＿＿＿＿两种形式被运输；氨在体内的主要去路和重要解毒方式是合成＿＿＿＿＿＿，＿＿＿＿＿＿是合成的主要器官，由＿＿＿＿＿随尿液排泄。

【课后巩固】

一、名词解释

氮平衡　　必需氨基酸　　蛋白质的互补作用　　氨基酸代谢库　　氧化脱氨基作用
转氨基作用　联合脱氨基作用　　鸟氨酸循环　　氨基酸的脱羧基作用　　一碳单位

二、填空题

1. 蛋白质的生理功能有＿＿＿＿＿＿＿＿＿＿＿＿＿、＿＿＿＿＿＿＿＿＿＿＿＿和＿＿＿＿＿＿＿＿＿＿＿＿，其中蛋白质的主要生理功能是＿＿＿＿＿＿＿＿＿＿＿＿＿。

2. 研究人体每日＿＿＿＿＿＿＿＿＿＿＿＿和＿＿＿＿＿＿＿＿＿＿之间的关系叫做氮平衡，它是从量的方面观察组织蛋白质分解与摄入蛋白质之间关系的一个重要指标，它可以反映人体内＿＿＿＿＿＿＿＿＿＿代谢的情况。氮平衡有三种情况，它们分别是＿＿＿＿＿＿＿、＿＿＿＿＿＿＿＿＿＿和＿＿＿＿＿＿＿＿＿＿。健康成年人应处于氮的＿＿＿＿＿平衡；生长发育期的婴幼儿、青少年应处于氮的＿＿＿＿平衡；饥饿者和慢性消耗疾病的患者应处于氮的＿＿＿＿平衡。

3. 由于食物蛋白质不能完全被吸收利用，而且为了长期确保氮的总平衡，我国营养学会推荐成人每日蛋白质需要量为＿＿＿＿＿＿＿克。

4. 人体必需氨基酸是指机体不能自生合成，必须由＿＿＿＿＿＿提供的氨基酸，包括＿＿＿种，分别是＿＿＿＿＿＿、＿＿＿＿＿＿、＿＿＿＿＿＿、＿＿＿＿＿＿、＿＿＿＿＿＿、＿＿＿＿＿＿和＿＿＿＿＿＿。

5. 食物蛋白质营养价值的高低主要取决于所含＿＿＿＿＿＿＿＿的种类、数量和比例是否与人体接近。将两种或两种以上营养价值较低的食物蛋白质混合后食用，使其所含＿＿＿＿＿＿＿在组成上相互补充，达到较好的比例，以提高其营养价值的作用称为＿＿＿＿＿＿＿＿＿＿＿＿＿＿。

6. 体内蛋白质的合成与分解处于动态平衡。食物蛋白经过消化吸收后来源的氨基酸称为＿＿＿＿＿＿＿。机体各组织的蛋白质在组织酶的作用下，也不断地分解成为氨基酸和机体合成部分氨基酸(非必需氨基酸)称为＿＿＿＿＿＿＿＿＿＿＿＿＿＿。氨基酸在体内的来源有＿＿＿＿＿＿＿＿＿＿、＿＿＿＿＿＿＿＿＿和＿＿＿＿＿＿＿＿；氨基酸在体内的代谢去路有＿＿＿＿＿＿＿＿＿、＿＿＿＿＿＿＿＿＿和＿＿＿＿＿＿＿＿。

7. 转氨基作用是指α-氨基酸的＿＿＿＿＿＿＿＿通过转氨酶的作用，将氨基转移至α-酮酸的＿＿＿＿＿＿＿位置上，从而生成与此相应的＿＿＿＿＿＿＿＿＿＿；同时原来的α-氨基酸则转变成为相应的＿＿＿＿＿＿＿＿＿；催化转氨基作用的酶是＿＿＿＿＿＿＿，又称＿＿＿＿＿＿，体内最重要的两种转氨酶分别是＿＿＿＿＿＿＿和＿＿＿＿＿＿＿。

8. 转氨酶的辅酶是＿＿＿＿＿＿＿＿，含有维生素＿＿＿＿＿＿＿＿，它在反应过程中起＿＿＿＿＿＿＿＿的作用；L-谷氨酸脱氢酶的辅酶是＿＿＿＿＿，含有维生素＿＿＿＿＿＿；氨基酸脱羧酶的辅酶是＿＿＿＿＿，含有维生素＿＿＿＿＿＿。

9. 正常情况下，转氨酶主要分布于＿＿＿＿＿＿，血清中的活性很低，在＿＿＿＿＿＿组织中以丙氨酸氨基转移酶活性最高，在＿＿＿＿＿＿组织中以天冬氨酸氨基转移酶活性最高；急性肝炎时血清中的＿＿＿＿＿＿＿＿活性明显升高，心肌梗死时血清中＿＿＿＿＿＿＿＿活性明显上升。此种检查在临床上可作为协助诊断和预后判断的指标之一。

10. 联合脱氨基作用主要是指＿＿＿＿＿＿＿＿作用与＿＿＿＿＿＿＿＿作用的联合。首先是氨基酸与＿＿＿＿＿＿进行转氨基作用，生成相应的α-酮酸及＿＿＿＿＿＿＿，然后谷氨酸在＿＿＿＿＿＿＿＿的作用下，经过＿＿＿＿＿＿和＿＿＿＿＿＿反应重新生成＿＿＿＿＿＿＿＿并释放氨，这是体内氨的根本来源。

11. L-谷氨酸脱氢酶在＿＿＿＿、＿＿＿＿、＿＿＿＿＿＿等组织中普遍存在，活性也比较强，但在＿＿＿＿＿＿和＿＿＿＿＿＿等组织中活性低，因此难以进行联合脱氨基作用，而是通过＿＿＿＿＿＿＿＿过程脱去氨基。

12. 体内血氨的来源有＿＿＿＿＿＿、＿＿＿＿＿＿、＿＿＿＿＿＿，其中血氨的主要来源是＿＿＿＿＿＿，肾脏氨的主要来源是＿＿＿＿＿＿＿。

13. 氨在血液中主要是以＿＿＿＿＿＿＿及＿＿＿＿＿＿＿两种形式被运输；脑中氨的主要去路是＿＿＿＿＿＿＿。

14. 尿素主要在＿＿＿＿＿＿＿合成，这是机体对氨的一种＿＿＿＿＿＿方式，合成尿素的主要排泄器官是＿＿＿＿＿＿、＿＿＿＿＿＿和＿＿＿＿＿＿是合成尿素的原料，合成途径是＿＿＿＿＿＿，该循环生成尿素的过程中，其限速酶是＿＿＿＿＿＿；尿素中的氮元素来自于＿＿＿＿＿＿和＿＿＿＿＿＿；循环在细胞的＿＿＿＿＿和＿＿＿＿＿进行。

15. α-酮酸的代谢途径是＿＿＿＿＿＿、＿＿＿＿＿＿、＿＿＿＿＿＿。

16. 组胺由＿＿＿＿＿＿脱羧基生成，其生理功能是＿＿＿＿＿＿、＿＿＿＿＿＿和＿＿＿＿＿＿；γ-氨基丁酸（GABA）由＿＿＿＿＿＿脱羧基生成，其生理功能是＿＿＿＿＿＿；5-羟色胺是由＿＿＿＿＿＿经羟化、脱羧生成的，它对脑组织是＿＿＿＿＿＿，并促进外周血管＿＿＿＿＿＿，使血压＿＿＿＿＿。

17. ＿＿＿＿＿＿是由＿＿＿＿＿＿经二氢叶酸还原酶催化生成的，它是一碳单位的载体，一碳单位通常结合在其分子的 N^5 和 N^{10} 上；一碳单位的主要来源是＿＿＿＿＿＿、＿＿＿＿＿＿、＿＿＿＿＿＿和＿＿＿＿＿＿的分解代谢，其主要生理意义是＿＿＿＿＿＿。

18. 当＿＿＿＿＿缺乏时，苯丙氨酸不能正常地转变成酪氨酸，体内的苯丙氨酸堆积，并可经转氨基作用生成苯丙酮酸，尿中出现大量苯丙酮酸，称为＿＿＿＿＿＿；如果缺乏＿＿＿＿＿＿，尿黑酸不能氧化而自尿中排出，使尿液呈黑色，故称＿＿＿＿＿；如果体内缺乏＿＿＿＿＿，黑色素生成受阻，人体的毛发、皮肤等皆呈白色，称为＿＿＿＿＿。

19. 酪氨酸代谢可生成儿茶酚胺类激素，其包括＿＿＿＿＿、＿＿＿＿＿及＿＿＿＿＿。

20. ＿＿＿＿＿＿是体内甲基的直接供应体，称活性蛋氨酸，其甲基称为＿＿＿＿＿。

【综合练习】

A1 型题

1. 以下关于蛋白质的叙述哪项是错误的
   - A. 可氧化供能
   - B. 维持组织生长、更新和修复
   - C. 蛋白质的来源可由糖和脂肪替代
   - D. 含氮量恒定
   - E. 蛋白质的基本单位是氨基酸

2. 氮的正平衡是指
   - A. 摄入氮量 > 排出氮量
   - B. 摄入氮量=排出氮量
   - C. 摄入氮量 < 排出氮量
   - D. 摄入氧量 > 排出氧量
   - E. 摄入氧量 < 排出氧量

3. 机体应处于总氮平衡的人群是
   - A. 健康成人
   - B. 慢性消耗性疾病患者
   - C. 儿童、青少年
   - D. 营养不良患者
   - E. 恢复期的患者

4. 机体应处于正氮平衡的人群是
   - A. 健康成人
   - B. 慢性消耗性疾病患者
   - C. 儿童、青少年
   - D. 营养不良患者
   - E. 高温作业的工人

5. 下列哪种氨基酸不属于人体必需氨基酸
   - A. 苯丙氨酸   B. 赖氨酸
   - C. 亮氨酸   D. 蛋氨酸
   - E. 酪氨酸

6. 蛋白质营养价值的高低取决于
   - A. 氨基酸的种类
   - B. 氨基酸的数量
   - C. 必需氨基酸的种类
   - D. 必需氨基酸的数量
   - E. 必需氨基酸的种类、数量和比例

7. 食物蛋白质的互补作用是指
   - A. 供给各种维生素，可节约食物蛋白质的摄入量
   - B. 供应充足的必需脂肪酸，可提高蛋白质的营养价值
   - C. 供应适量的无机盐，可提高食物蛋白质的利用率
   - D. 食用不同种类混合蛋白质，营养价值比单独食用一种要高一些
   - E. 供给充足的非必需氨基酸，可以提高蛋白质的营养价值。

8. 我国营养学会推荐成人每日蛋白质的需要量是
   - A. 20 g   B. 30～50 g
   - C. 50～70 g   D. 100 g
   - E. 80 g

9. 体内氨基酸脱氨作用的最重要的方式是
   - A. 氧化脱氨基作用
   - B. 转氨基作用
   - C. 联合脱氨基作用
   - D. 嘌呤核苷酸循环
   - E. 还原脱氨基作用

10. 以下关于 L-谷氨酸脱氢酶的叙述，哪项是错误的
    - A. 辅酶是尼克酰胺腺嘌呤二核苷酸
    - B. 催化可逆反应
    - C. 在骨骼肌中活性很高
    - D. 在心肌中活性很低
    - E. 以上都不是

11. 经转氨基作用可生成草酰乙酸的氨基酸是
    - A. 苯丙氨酸   B. 天冬氨酸
    - C. 丙氨酸   D. 谷氨酸

E．酪氨酸

12. 转氨酶的辅酶组分含有

A．泛酸　　　　B．吡哆醛

C．尼克酸　　　D．核黄素

E．硫胺素

13. 可经脱氨基作用直接生成 α-酮戊二酸的氨基酸是

A．谷氨酸　　　B．甘氨酸

C．丝氨酸　　　D．苏氨酸

E．天冬氨酸

14. ALT（GPT）活性最高的组织是

A．心肌　　　　B．脑

C．骨骼肌　　　D．肝

E．肾

15. AST（GOT）活性最高的组织是

A．心肌　　　　B．脑

C．骨骼肌　　　D．肝

E．肾

16. 以下关于转氨基作用的描述，错误的是

A．转氨酶种类多、分布广，但以 ALT 和 AST 活性最高

B．肝脏中活性最高的是 ALT，心脏中活性最高的是 AST

C．ALT 催化反应：谷氨酸+丙氨酸⟷谷氨酰胺+丙酮酸

D．转氨酶的辅酶都是磷酸吡哆醛和磷酸吡哆胺

E．AST 催化反应：谷氨酸+草酰乙酸⟷α-酮戊二酸+天冬氨酸

17. 体内氨基酸的脱氨基方式中哪种方式的氨基并没有真正脱去

A．氧化脱氨基作用

B．转氨基作用

C．联合脱氨基作用

D．嘌呤核苷酸循环

E．还原脱氨基作用

18. 以下关于氨基酸代谢去路的叙述，不正确的是

A．合成组织蛋白质，维持组织的生长、

更新和修补

B．经脱氨基作用，生成 α-酮酸氧化供能

C．经脱羧基作用，生成多种活性胺

D．转变为其他含氮化合物

E．在氨基酸代谢池内大量储存

19. 反应肝疾患最常用的血清转氨酶指标是

A．丙氨酸氨基转移酶

B．天冬氨酸氨基转移酶

C．鸟氨酸氨基转移酶

D．亮氨酸氨基转移酶

E．赖氨酸氨基转移酶

20. 血清 AST 活性升高最常见于

A．肝炎　　　　　B．脑动脉栓塞

C．肾炎　　　　　D．急性心肌梗死

E．胰腺炎

21. 对于高血氨患者，以下哪项叙述是错误的

A．NH_3 比 NH_4^+ 易于透过细胞膜而被吸收

B．碱性肠液有利于 $NH_4^+ \rightarrow NH_3$

C．NH_4^+ 比 NH_3 易于吸收

D．酸性肠液有利于 $NH_3 \rightarrow NH_4^+$

E．酸化肾小管腔有利于降血氨

22. 能直接进行氧化脱氨基作用的氨基酸是

A．天冬氨酸　　　B．缬氨酸

C．谷氨酸　　　　D．丝氨酸

E．丙氨酸

23. 嘌呤核苷酸循环脱氨基作用主要在哪种组织中进行

A．肝　　　　　　B．肾

C．脑　　　　　　D．肌肉

E．肺

24. 体内合成非必需氨基酸的主要途径是以下哪项的逆过程

A．转氨基

B．联合脱氨基作用

C．非氧化脱氨

D．嘌呤核苷酸循环

E．脱水脱氨

25. 血氨的最主要来源是

A．氨基酸脱氨基作用生成的氨

B．蛋白质腐败产生的氨

C．尿素在肠道细菌脲酶作用下产生的氨

D．体内胺类物质分解释放出的氨

E．肾小管远端谷氨酰胺水解产生的氨

26. 人体内氨的最主要代谢去路为

　　A．合成非必需氨基酸

　　B．合成必需氨基酸

　　C．合成 NH_4^+ 随尿液排出

　　D．合成尿素随尿液排出

　　E．以铵盐的形式通过肾脏随尿液排出

27. 下列哪组物质是体内氨的运输形式

　　A．天冬酰胺和谷氨酰胺

　　B．谷胱甘肽和天冬酰胺

　　C．丙氨酸和谷氨酸

　　D．谷氨酰胺和丙氨酸

　　E．丙氨酸和葡萄糖

28. 下列哪种物质是体内氨的运输、解毒和储存形式

　　A．谷氨酸　　　　B．谷氨酰胺

　　C．天冬氨酸　　　D．天冬酰胺

　　E．丙氨酸

29. 合成尿素的组织或器官是

　　A．肝　　　　　　B．肾

　　C．胃　　　　　　D．脾

　　E．肌肉

30. 尿素合成中能穿出线粒体进入胞质的是

　　A．精氨酸　　　　B．瓜氨酸

　　C．鸟氨酸　　　　D．氨基甲酰磷酸

　　E．天冬氨酸

31. 以下关于尿素合成的叙述，正确的是

　　A．合成 1 分子尿素消耗 2 分子 ATP

　　B．氨基甲酰磷酸在肝细胞胞液中形成

　　C．合成尿素分子的第二个氮原子由谷氨酰胺提供

　　D．鸟氨酸生成瓜氨酸是在胞液中进行的

　　E．尿素循环中鸟氨酸、瓜氨酸、精氨酸不因参加反应而消耗

32. 某患者，男，52 岁，临床诊断为肝性脑病，

该患者需要灌肠，最适宜的灌肠液为

　　A．肥皂水

　　B．生理盐水

　　C．生理盐水加白醋

　　D．碳酸氢钠溶液

　　E．葡萄糖水

33. 肾脏中产生的氨主要来自

　　A．氨基酸的联合脱氨基作用

　　B．谷氨酰胺的水解

　　C．尿素的水解

　　D．氨基酸的非氧化脱氨基作用

　　E．胺的氧化

34. 谷氨酸在蛋白质代谢中具有重要作用，因为

　　A．参与转氨基作用

　　B．参与其他氨基酸的贮存和利用

　　C．参与尿素的合成

　　D．参与一碳单位的代谢

　　E．参与嘌呤的合成

35. 直接参与鸟氨酸循环的氨基酸有

　　A．鸟氨酸，赖氨酸

　　B．天冬氨酸，精氨酸

　　C．谷氨酸，鸟氨酸

　　D．精氨酸，N-乙酰谷氨酸

　　E．鸟氨酸，N-乙酰谷氨酸

36. 下列哪组反应在线粒体中进行

　　A．鸟氨酸与氨基甲酰磷酸反应

　　B．瓜氨酸与天冬氨酸反应

　　C．精氨酸生成反应

　　D．延胡索酸生成反应

　　E．精氨酸分解成尿素反应

37. 鸟氨酸循环的限速酶是

　　A．氨基甲酰磷酸合成酶

　　B．鸟氨酸氨基甲酰转移酶

　　C．精氨酸代琥珀酸合成酶

　　D．精氨酸代琥珀酸裂解酶

　　E．精氨酸酶

38. 氨基酸分解产生的 NH_3 在体内的主要存在形式是

　　A．尿素　　　　　B．天冬氨酸

C. 谷氨酰胺　　D. 氨基甲酰磷酸

E. 苯丙氨酸

39. 能促进鸟氨酸循环的氨基酸有

A. 丙氨酸　　　B. 甘氨酸

C. 精氨酸　　　D. 谷氨酸

E. 天冬酰胺

40. 合成 1 分子尿素消耗

A. 2 个高能磷酸键的能量

B. 3 个高能磷酸键的能量

C. 4 个高能磷酸键的能量

D. 5 个高能磷酸键的能量

E. 6 个高能磷酸键的能量

41. 脑组织处理氨的主要方式是

A. 排出游离 NH_3

B. 生成谷氨酰胺

C. 合成尿素

D. 生成铵盐

E. 形成天冬酰胺

42. 临床上对高血氨患者做结肠透析时常用

A. 弱酸性透析液

B. 弱碱性透析液

C. 中性透析液

D. 强酸性透析液

E. 强碱性透析液

43. 血氨增高导致脑功能障碍的生化机理是 NH_3 增高可以

A. 抑制脑中酶活性

B. 升高脑中 pH

C. 大量消耗脑中 α-酮戊二酸

D. 抑制呼吸链的电子传递

E. 升高脑中尿素浓度

44. 下列氨基酸中哪个不属于生糖兼生酮氨基酸

A. 色氨酸　　　B. 酪氨酸

C. 苯丙氨酸　　D. 异亮氨酸

E. 谷氨酸

45. 可脱羧产生 γ-氨基丁酸的氨基酸是

A. 甘氨酸　　　B. 酪氨酸

C. 半胱氨酸　　D. 谷氨酰胺

E. 谷氨酸

46. 体内一碳单位不包括

A. $-CH_3$　　　B. $-CH_2-$

C. $-CH=$　　　D. CO_2

E. $-CHO$

47. 体内转运一碳单位的载体是

A. 叶酸　　　　B. 维生素 B_{12}

C. 四氢叶酸　　D. S-腺苷蛋氨酸

E. 生物素

48. 一碳单位通常结合在四氢叶酸分子的

A. N^1 和 N^{10} 上　　B. N^5 和 N^{10} 上

C. N^1 和 N^5 上　　D. N^1 和 N^2 上

E. N^5 和 N^{11} 上

49. 当体内 FH_4 缺乏时下列哪个物质合成受阻

A. 脂肪酸

B. 糖原

C. 嘌呤核苷酸

D. 胆固醇合成

E. 氨基酸合成

50. 5-羟色胺的作用不包括

A. 是抑制性神经递质

B. 有扩张血管的作用

C. 有收缩血管的作用

D. 与睡眠、疼痛等有关

E. 以上都不是

51. 组胺有以下哪些作用

A. 使血压上升、胃液分泌增加、血管扩张

B. 使血压下降、胃液分泌增加、血管扩张

C. 使血压下降、胃液分泌减少、血管扩张

D. 使血压下降、胃液分泌增加、血管收缩

E. 使血压上升、胃液分泌增加、血管收缩

52. 苯丙酮酸尿症患者尿中排出大量的苯丙酮酸、苯丙氨酸，因为体内缺乏

A. 酪氨酸转氨酶

B. 酪氨酸羟化酶

C. 苯丙氨酸羟化酶

D. 多巴脱羧酶

E. 磷酸吡哆醛

53. 糖类、脂类、氨基酸氧化分解时，进入三羧酸循环的主要物质是

A．丙酮酸　　　　　　B．甘油

C．乙酰辅酶 A　　　　D．α-酮戊二酸

E．柠檬酸

54. 苯丙氨酸和酪氨酸代谢缺陷时可能导致

A．苯丙酮酸尿症、蚕豆病

B．白化病、苯丙酮酸尿症

C．尿黑酸症、蚕豆病

D．镰刀形红细胞性贫血、白化病

E．白化病、蚕豆病

55. 白化症的根本原因之一是由于先天性缺乏

A．酪氨酸转氨酶

B．苯丙氨酸羟化酶

C．酪氨酸酶

D．尿黑酸氧化酶

E．对羟苯丙氨酸氧化酶

56. 儿茶酚胺与甲状腺素均由哪种氨基酸转化生成

A．谷氨酸　　　　　B．色氨酸

C．异亮氨酸　　　　D．酪氨酸

E．甲硫氨酸

57. 按照氨中毒学说，肝性脑病是由于 NH_3 引起脑细胞

A．糖酵解减慢

B．三羧酸循环减慢

C．脂肪堆积

D．尿素合成障碍

E．磷酸戊糖旁路受阻

58. 静脉输入谷氨酸钠能治疗

A．白血病

B．高血氨

C．高血钾

D．再生障碍性贫血

E．放射病

59. 以下都是生糖兼生酮氨基酸的是

A．苯丙氨酸和天冬酰胺

B．异亮氨酸和苯丙氨酸

C．苏氨酸和谷氨酰胺

D．天冬氨酸和半胱氨酸

E．甲硫氨酸和苯丙氨酸

60. 糖、脂肪和蛋白质三者在体内的代谢可通过各代谢途径的共同中间产物相互联系，其中三大营养物质代谢相互联系的重要枢纽是

A．糖的有氧氧化

B．磷酸戊糖途径

C．三羧酸循环

D．脂肪酸的β-氧化

E．鸟氨酸循环

（荣熙敏）

第八章 核酸代谢和蛋白质的生物合成

【知识要点】

一、核酸代谢

1. 核酸的分解代谢：

(1) 嘌呤核苷酸的分解：① 嘌呤碱分解代谢的过程；② 终产物——尿酸（导致其增多的原因）；③ 导致痛风症的原因；④ 别嘌呤醇治疗痛风症的生化机理。

(2) 嘧啶核苷酸的分解：① 嘧啶碱分解的过程；② 三种嘧啶碱分解代谢的终产物及其区别；③ β-氨基异丁酸的临床应用。

2. 核苷酸的合成代谢：

体内核苷酸的合成有两个途径：从头合成途径（主要的途径）和补救合成途径。

(1) 嘌呤核苷酸的合成：

① 嘌呤核苷酸从头合成途径：

· 部位：胞液。

· 原料：六种。

· 过程：首先合成次黄嘌呤核苷酸（IMP）。

② 嘌呤核苷酸合成的补救途径：HGPRT（次黄嘌呤鸟嘌呤磷酸核糖转移酶）先天性缺陷导致自毁容貌症。

(2) 嘧啶核苷酸的合成：

① 部位：胞液。

② 原料：四种。

③ 过程：首先合成的是尿嘧啶核苷酸（UMP）。

(3) 脱氧核苷酸合成：由二磷酸核糖核苷（NDP）直接还原而生成。

3. DNA 的生物合成——复制：

(1) 遗传中心法则的概念。

(2) DNA 的复制：

① DNA 复制的方式：半保留复制的概念。

② 参与复制的重要酶类及蛋白质因子：DNA 聚合酶，引物酶，DNA 连接酶，DNA 解链酶，拓扑异构酶，DNA 结合蛋白。

③ DNA 的复制过程：

· 起始阶段。

· 延长阶段：领头链，随从链，冈崎片段。

· 终止阶段。

④ 复制的方向：模板 3′→5′，新链 5′→3′。

(3) 反转录：

① 概念：RNA→DNA。

② 酶：反转录酶（RDDP）。

③ 过程：RNA 模板→DNA-RNA 杂化双链→单链 DNA→双链 DNA。

④ 重要的理论和实践意义。

4. RNA 的生物合成——转录：RNA 的生物合成包括转录和 RNA 复制两种方式，而合成 RNA 的主要方式是转录。

(1) 转录的模板：① 模板；② 方式：不对称转录。

(2) 大肠杆菌的 RNA 聚合酶：又称 DNA 指导的 RNA 聚合酶（DDRP）。① 组成；② 作用。

(3) 转录的过程：① 起始阶段；② 延长阶段；③ 终止阶段。

5. 复制和转录的异同：

(1) 相同点：

① 模板都是 DNA，催化的酶都是 DNA 指导的聚合酶。

② 原料都是核苷三磷酸。

③ 都按照碱基互补配对的原则。

④ 方向相同（模板 3′→5′；新链 5′→3′）。

⑤ 核苷酸以 3′,5′-磷酸二酯键链接。

(2) 区别：见表 8-1。

表 8-1 复制和转录的区别

项目	复制	转录
模板	两条链	一条链（某一基因节段）
酶	DDDP	DDRP
配对	A-T	A-U
产物	DNA	RNA
原料	dNTP（N：A、G、C、T）	NTP（N：A、G、C、U）
引物	需要	不需要
方式	半保留复制	不对称转录

二、蛋白质的生物合成

蛋白质的生物合成即翻译过程，是以 mRNA 作为直接模板指导合成蛋白质的过程。

1. RNA 在蛋白质合成中的作用：

(1) mRNA 的作用：合成蛋白质肽链的直接模板。

遗传密码：① 概念；② 分类；③ 特点。

(2) tRNA 的作用：活化和转运氨基酸的工具。

(3) rRNA 的作用：与多种蛋白质构成核糖体，是蛋白质生物合成的场所。

2. 蛋白质生物合成的过程：

(1) 氨基酸的活化与转运。

(2) 核糖体循环：

① 起始：大亚基、小亚基、mRNA 和 fMet-tRNA^{fMet} 形成起始复合物。

② 延长：

· 过程：进位、转肽、移位；

· 方向性：mRNA 5′→3′；多肽链 N 端→C 端。

· 耗能：每增加一个氨基酸残基消耗 2GTP。

③ 终止：终止密码子和释放因子 RF。

(3) 多聚核糖体和多肽链合成后的加工修饰。

3. 基因表达的调控：基因表达是基因转录 RNA 及翻译蛋白质的过程，基因表达调控最重要的是转录水平的调控。

(1) 原核生物基因表达调控：

① 操纵子的结构与功能：调控区和信息区，调节基因，启动基因，操纵基因。

② 乳糖操纵子及其调节机制：阻遏蛋白的负性调节；CAP 的正性调节。

(2) 真核生物基因表达调控：主要通过顺式作用元件和反式作用因子来完成。

三、常用基因技术

1. 基因工程：

(1) 基因工程的相关概念：基因工程，工具酶，目的基因，载体。

(2) 基因工程的基本过程：① 制备目的基因；② 载体的选择和制备；③ 目的基因与载体重组；④ 重组 DNA 导入宿主细胞（转化或转染）；⑤ 重组 DNA 的筛选与鉴定；⑥ 目的基因的扩增、表达及表达产物的获得。

2. 聚合酶链反应：

(1) PCR 技术的工作原理：变性、退火、延伸。

(2) PCR 技术的临床应用：人类遗传疾病的诊断与研究；传染病病原体的检测；肿瘤细胞检测；优生检测、法医学等。

【课前预习】

一、基础复习

1. 核酸化学：① 核酸的分子组成；② 核酸的分子结构；③ 核酸的理化性质。

2. 核苷酸化学：① 核苷酸的基本组成成分；② 核苷酸的分类。

二、预习目标

1. 核苷酸的合成包括＿＿＿＿＿＿＿＿＿＿＿和＿＿＿＿＿＿＿＿＿＿＿＿＿两条途径，其中合成核苷酸的主要途径是＿＿＿＿＿＿＿＿＿＿＿＿＿＿＿＿＿＿＿＿＿＿＿。

2. 嘌呤碱代谢的终产物是＿＿＿＿＿＿＿＿，它增多会导致＿＿＿＿＿＿＿＿＿＿＿＿＿＿。

3. 胞嘧啶和尿嘧啶分解代谢的终产物包括＿＿＿＿＿＿＿、＿＿＿＿＿＿、＿＿＿＿＿＿；胸腺嘧啶分解代谢的终产物包括＿＿＿＿＿＿＿＿＿、＿＿＿＿＿＿＿、＿＿＿＿＿＿＿。

4. 监测尿中＿＿＿＿＿＿＿＿＿＿含量对监测放射性操作和临床治疗具有一定指导意义。

5. 遗传中心法则的信息传递规律是＿＿＿＿＿＿＿＿＿＿＿＿＿＿＿，其中涉及复制、转录和翻译三个过程，复制是指以＿＿＿＿＿＿为模板合成＿＿＿＿＿＿＿的过程；转录是指以＿＿＿＿＿＿为模板合成＿＿＿＿＿＿＿的过程；翻译是指以＿＿＿＿＿＿＿＿＿＿为直接模板合成＿＿＿＿＿＿＿的过程。

6. DNA 复制的方向是从模板的＿＿＿＿＿＿端到＿＿＿＿＿＿＿端展开，新合成 DNA 链的方向是从＿＿＿＿＿＿＿端到＿＿＿＿＿＿＿端延长，催化 DNA 合成的酶是＿＿＿＿＿＿＿。

7. DNA 复制时，一条链合成的方向与复制叉前进的方向是＿＿＿＿＿＿＿＿＿＿＿＿的，能顺利地连续进行，此链称为＿＿＿＿＿＿＿＿＿＿＿＿＿＿＿；而另一条链合成方向与复制叉前进方向＿＿＿＿＿＿＿＿＿＿＿＿＿，是不连续合成的，称为＿＿＿＿＿＿＿＿＿＿＿。

8. 蛋白质的生物合成是以＿＿＿＿＿＿＿＿＿＿＿作为直接模板，＿＿＿＿＿＿＿＿作为运输氨基酸的工具，＿＿＿＿＿＿＿＿作为合成的场所，蛋白质合成的原料是＿＿＿＿＿＿＿；在翻译过程中，按照 mRNA 分子＿＿＿＿＿＿＿＿＿＿＿的方向，从＿＿＿＿＿＿＿＿开始，每＿＿＿＿＿＿相邻的核苷酸组成一个特定的碱基三联体，代表某种氨基酸的编码信号，此碱基三联体称为＿＿＿＿＿＿＿；遗传密码一共有＿＿＿个，其中编码氨基酸的密码子有＿＿＿个，起始密码是＿＿＿＿＿＿，代表＿＿＿＿＿＿；终止密码包括＿＿＿＿＿、＿＿＿＿＿、＿＿＿＿＿。

【课后巩固】

一、名词解释

从头合成途径　　补救合成途径　　遗传中心法则　　半保留复制　　领头链　　随从链　　反转录　　不对称转录　　遗传密码　　分子病

二、填空题

1. 食物中的核酸大多以＿＿＿＿＿＿＿＿＿＿的形式存在。它在胃中受胃酸的作用，分解成＿＿＿＿＿与＿＿＿＿＿。核酸在小肠中受胰液和肠液中各种水解酶的作用逐步水解，最终生成＿＿＿＿＿、＿＿＿＿＿和＿＿＿＿＿。嘌呤碱基代谢的终产物是＿＿＿＿＿，痛风是因为体内＿＿＿＿＿产生过多造成的，使用＿＿＿＿＿＿作为黄嘌呤氧化酶的自杀性底物可以治疗痛风。别嘌呤醇治疗痛风症的原理是由于其结构与＿＿＿＿＿＿结构相似，抑制＿＿＿＿＿＿酶的活性，从而减少＿＿＿＿＿＿的生成。

2. 核苷酸的合成包括＿＿＿＿＿＿＿＿＿和＿＿＿＿＿＿＿＿两条途径，其中合成核苷酸的主要途径是＿＿＿＿＿＿＿。利用＿＿＿＿＿、＿＿＿＿＿、＿＿＿＿＿和＿＿＿＿＿等简单物质为原料，经过复杂的酶促反应，合成核苷酸，耗能＿＿＿＿＿；补救合成（又称重新利用）途径，即利用已有＿＿＿＿＿或＿＿＿＿＿，经过简单的反应过程，合成核苷酸，耗能＿＿＿＿＿。＿＿＿＿＿＿＿＿＿是体内从头合成嘌呤和嘧啶核苷酸的主要部位。

3. 嘌呤核苷酸合成部位在＿＿＿＿＿＿＿＿＿，嘌呤核苷酸从头合成的原料包括＿＿＿＿＿、＿＿＿＿＿、＿＿＿＿＿、＿＿＿＿＿和＿＿＿＿＿，首先合成的是＿＿＿＿＿＿＿＿，然后再转变成＿＿＿＿＿＿和＿＿＿＿＿；嘧啶核苷酸从头合成的原料包括＿＿＿＿＿＿、＿＿＿＿＿以及＿＿＿＿＿，首先合成的是＿＿＿＿＿＿＿＿；脱氧核苷酸是由＿＿＿＿＿＿＿＿还原而来，还原反应在_____水平上进行，由核糖核苷酸还原酶生成。

4. 胞嘧啶和尿嘧啶分解代谢的终产物包括_____、_____、_____；胸腺嘧啶分解代谢的终产物包括_____、_____、_____；监测尿中_____含量对监测放射性操作和临床治疗具有一定指导意义。

5. 复制是指以亲代_____为模板合成子代_____的过程；转录是指以_____为模板合成_____的过程；翻译是指以_____为直接模板合成_____的过程；反转录是指以_____为模板合成_____的过程。

6. DNA 复制的方向是从模板的_____端到_____端展开，新合成 DNA 链的方向是从_____端到_____端延长，催化 DNA 合成的酶是_____，又称为_____（缩写为_____），能催化以亲代_____为模板，以四种脱氧核苷酸（_____、_____、_____、_____）为原料，按照_____，合成新的互补链。

7. DNA 复制时，一条链合成的方向与复制叉前进的方向是_____的，能顺利地连续进行，此链称为_____；而另一条链合成方向与复制叉前进方向_____，是不连续合成的，称为_____。

8. 实验表明，DNA 的复制是半不连续的，先是在模板上合成许多 DNA 片段，然后逐步连接成长的 DNA 链，这些_____合成的 DNA 片段是随从链上的_____，领头链是_____合成的。

9. DNA 合成的原料是四种_____，复制中所需要的引物是_____。

10. DNA 复制时，母链 DNA 与新合成的子链 DNA 的碱基互补配对原则是：A 与_____配对，G 与_____配对。

11. DNA 的半保留复制是指复制生成的两个子代 DNA 分子中，其中有一条链是_____，另一条链是_____。

12. 以 DNA 为模板合成_____的过程称为转录，催化此过程的酶是_____。

13. RNA 的生物合成包括_____和_____两种方式，而合成 RNA 的主要方式是_____。

14. DNA 双链中能指导生成 RNA 的链称为_____，不具有转录功能的另一条链称为_____。转录的方式是_____，它的意义在于：① DNA 两条链上，一条链有_____功能，另一条链无_____功能；② 各基因的模板链不一定是在_____上。

15. 大肠杆菌的 RNA 聚合酶的全酶是由_____组成的，其核心酶的组成为_____，它能_____，σ 亚基能_____。

16. RNA 转录时以_____为模板，以_____、_____、_____、作为原料，催化的酶是_____，按照碱基配对的规律（A 与_____配对，G 与_____配对），按 5′→3′ 的方向合成新链。

17. mRNA 在蛋白质合成中的作用是合成蛋白质多肽链的_____；阅读 mRNA 密码子的方向是从_____端到_____端，多肽链合成的方向是从_____端到_____端，tRNA 的作用是活化和转运氨基酸的_____；rRNA 与多种蛋白质构成核糖体是蛋白质生物合成的_____。

18. 遗传密码的主要特点是_____、_____、_____、_____。

19. 核蛋白体循环中，延长阶段包括_____、_____和_____三个重复进行的步骤。

20. 分子病是由于_____分子上的基因突变，导致某一蛋白质_____改变而引起其_____改变的遗传性疾病。

21. 核蛋白体循环包括_____、_____和_____三个阶段。

22. tRNA 通过其_____与 mRNA 链的_____配对，从而将_____运送到肽链的正确位置上。

23. 基因工程的基本过程包括：制备_____；_____的选择和制备；目的基因与载体_____；重组 DNA_____宿主细胞；重组 DNA 的_____；目的基因的_____、_____及表达产物的_____。

【综合练习】

A1 型题

1. 从头合成嘌呤核苷酸时，首先合成的嘌呤核苷酸是
   A．GMP　　　　　　B．AMP
   C．IMP　　　　　　D．XMP
   E．UMP

2. 人体内的嘌呤苷酸中，嘌呤碱分解代谢的主要终产物是
   A．尿素　　　　　　B．肌酸
   C．尿酸　　　　　　D．β-丙氨酸
   E．β-氨基异丁酸

3. 沉积于关节和软组织导致痛风症的物质是
   A．尿素　　　　　　B．尿酸
   C．乙酰乙酸　　　　D．肌酐
   E．β-氨基异丁酸

4. 从头合成嘧啶核苷酸时，首先合成的嘧啶核苷酸是
   A．GMP　　　　　　B．AMP
   C．IMP　　　　　　D．XMP
   E．UMP

5. **dTMP** 的直接前体是
   A．dCMP　　　　　　B．dAMP
   C．dUMP　　　　　　D．dGMP
   E．dIMP

6. 能在体内分解产生 β-氨基异丁酸的核苷酸
   A．dCMP　　　　　　B．dAMP

   C．dTMP　　　　　　D．dUMP
   E．dGMP

7. 嘌呤环 1 号位 N 原子来源于
   A．谷氨酰胺　　　　B．天冬氨酸
   C．谷氨酸　　　　　D．甘氨酸
   E．天冬酰胺

8. 体内进行嘌呤核苷酸从头合成最主要的组织是
   A．胸腺　　　　　　B．小肠黏膜
   C．肝脏　　　　　　D．脾脏
   E．骨髓

9. 下列哪种物质是合成嘌呤环和嘧啶环都必需的
   A．谷氨酰胺　　　　B．天冬氨酸
   C．甘氨酸　　　　　D．一碳单位
   E．二氧化碳

10. 以下关于嘧啶核苷酸分解代谢的叙述，正确的是
    A．终产物是尿酸
    B．可引起痛风症
    C．终产物都有氨和二氧化碳
    D．终产物都有 β-丙氨酸
    E．终产物都有 β-氨基异丁酸

11. **HGPRT（次黄嘌呤-鸟嘌呤磷酸核糖转移酶）**参与下列哪种反应

A．嘌呤核苷酸从头合成

B．嘌呤核苷酸补救合成

C．嘧啶核苷酸从头合成

D．嘧啶核苷酸补救合成

E．嘌呤核苷酸分解

12．体内脱氧核苷酸是由下列哪种核苷酸直接还原生成的

    A．核糖   B．核糖核苷

    C．一磷酸核苷   D．二磷酸核苷

    E．三磷酸核苷

13．嘧啶环中的两个氮原子来自

    A．谷氨酰胺和天冬氨酸

    B．谷氨酰胺和天冬酰胺

    C．谷氨酰胺和甘氨酸

    D．天冬氨酸和氨基甲酰磷酸

    E．谷氨酰胺和氨基甲酰磷酸

14．次黄嘌呤－鸟嘌呤磷酸核糖转移酶（HGPRT）先天性缺陷会导致

    A．苯丙酮酸尿症

    B．白化病

    C．尿黑酸症

    D．镰刀形红细胞性贫血

    E．自毁容貌症

15．最直接联系核苷酸合成与糖代谢的物质是

    A．葡萄糖

    B．6-磷酸葡萄糖

    C．5-磷酸核糖

    D．1-磷酸葡萄糖

    E．1,6-二磷酸果糖

16．5-氟尿嘧啶（5-FU）治疗肿瘤的原理是

    A．本身直接杀伤作用

    B．抑制胞嘧啶的合成

    C．抑制尿嘧啶的合成

    D．抑制脱氧胸苷酸的合成

    E．抑制四氢叶酸的合成

17．遗传信息传递的中心法则是

    A．DNA→RNA→蛋白质

    B．RNA→DNA→蛋白质

    C．蛋白质→RNA→DNA

    D．蛋白质→DNA→RNA

    E．DNA→蛋白质→RNA

18．DNA 生物合成的主要方式是

    A．复制   B．转录

    C．翻译   D．逆转录

    E．以上都不对

19．DNA 复制的主要方式是

    A．半保留复制

    B．全保留复制

    C．滚环式复制

    D．混合式复制

    E．不对称复制

20．关于 DNA 的半不连续合成，以下说法错误的是

    A．领头链是连续合成的

    B．随从链是不连续合成的

    C．不连续合成的片段是冈崎片段

    D．领头链和随从链中均有一半是不连续合成的

    E．随从链的合成迟于领头链的合成

21．DNA 指导的 DNA 聚合酶催化

    A．DNA→RNA

    B．RNA→蛋白质

    C．DNA→DNA

    D．RNA→DNA

    E．RNA→RNA

22．DNA 复制中的引物是

    A．由 DNA 为模板合成的 DNA 片段

    B．由 RNA 为模板合成的 DNA 片段

    C．由 RNA 为模板合成的 RNA 片段

    D．由 DNA 为模板合成的 RNA 片段

    E．由 DNA 为模板合成的蛋白质多肽链

23．合成 DNA 的原料是

    A．NMP   B．NDP

    C．NTP   D．dNTP

    E．dNMP

24．拓扑异构酶的作用是

    A．解开 DNA 双螺旋使其易于复制

    B．使 DNA 解链旋转时不至于缠结

C. 使 DNA 异构为 RNA 引物

D. 稳定解开的 DNA 单链

E. 连接单链 DNA

25. 以下哪一项是单链 DNA 结合蛋白（SSB）的生理作用

    A. 解开 DNA 双螺旋使其易于复制

    B. 使 DNA 解链旋转时不至于缠结

    C. 使 DNA 异构为 RNA 引物

    D. 稳定解开的 DNA 单链

    E. 防止 DNA 单链重新形成双螺旋，防止 DNA 单链模板被核酸酶水解

26. 以下关于 DNA 复制的叙述，正确的是

    A. 以四种 dNMP 为原料

    B. 子代 DNA 两条链的核苷酸顺序完全相同

    C. 复制不仅需要 DNA 聚合酶，还需要 RNA 聚合酶

    D. 复制中子链的合成是沿 $3' \rightarrow 5'$ 方向进行的

    E. 碱基配对为 A—U，G—C

27. DNA 复制时，下列哪种酶是不需要的

    A. DNA 指导的 DNA 聚合酶

    B. DNA 连接酶

    C. 拓扑异构酶

    D. 解链酶

    E. 限制性核酸内切酶

28. 原核生物 DNA 的复制起始过程中，发挥催化作用的酶的顺序是

    A. DNA 聚合酶、解螺旋酶、引物酶、单链 DNA 结合蛋白

    B. 解螺旋酶、单链 DNA 结合蛋白、引物酶、DNA 聚合酶

    C. 引物酶、DNA 聚合酶、解螺旋酶、单链 DNA 结合蛋白

    D. 解螺旋酶、引物酶、单链 DNA 结合蛋白、DNA 聚合酶

    E. 解螺旋酶、引物酶、单链 DNA 结合蛋白、DNA 聚合酶

29. 在 DNA 复制时，与 5'-T-G-A-C-3' 互补的链是

    A. 5'-A-C-T-G-3'

B. 5'-G-T-C-A-3'

C. 5'-C-T-G-A-3'

D. 5'-T-G-A-C-3'

E. 5'-G-U-C-A-3'

30. 冈崎片段是指

    A. DNA 模板的一段 DNA

    B. 引物酶催化合成的 RNA 片段

    C. 在随从链上合成的 DNA 片段

    D. 在领头链上合成的 DNA 片段

    E. 在随从链上合成的 RNA 片段

31. 关于 DNA 复制和转录过程，下列描述正确的是

    A. 催化复制的酶是 DDRP，催化转录的酶是 DDDP

    B. 复制和转录两个过程中新链合成方向都为 $5' \rightarrow 3'$

    C. 复制的产物是 RNA，转录的产物 DNA

    D. 两个过程均需 RNA 为引物

    E. 复制的方式是全保留复制，转录的方式是对称转录

32. 反转录的遗传信息流动方向是

    A. DNA→DNA

    B. DNA→RNA

    C. RNA→DNA

    D. DNA→蛋白质

    E. RNA→RNA

33. DNA 指导的 RNA 聚合酶催化

    A. DNA→RNA

    B. RNA→蛋白质

    C. DNA→DNA

    D. RNA→DNA

    E. RNA→RNA

34. RNA 生物合成的主要方式是

    A. 复制   B. 转录

    C. 翻译   D. 反转录

    E. 以上都不对

35. RNA 生物合成的方式是

    A. 全保留转录   B. 半保留转录

C．对称转录　　D．不对称转录

E．以上都不对

36．合成 RNA 的原料是

A．NMP　　　　B．NDP

C．NTP　　　　D．dNTP

E．dNMP

37．在 DNA 转录时，与 5′-T-G-A-C-3′ 互补的链是

A．5′-A-C-T-G-3′

B．5′-G-T-C-A-3′

C．5′-C-T-G-A-3′

D．5′-T-G-A-C-3′

E．5′-G-U-C-A-3′

38．下列关于 DNA 指导的 RNA 合成的叙述，哪一项是错误的

A．只有 DNA 存在时，RNA 聚合酶才能催化生成磷酸二酯键

B．转录过程中 RNA 聚合酶需要引物

C．RNA 链合成的方向是 5′→3′

D．大多数情况下只有一股 DNA 作为 RNA 的模板

E．合成的 RNA 链没有环状的

39．下列关于 RNA 聚合酶和 DNA 聚合酶的叙述，哪一项是正确的

A．利用核苷二磷酸为原料合成多核苷酸链

B．RNA 聚合酶需要引物，并在延长的多核苷酸链 5′ 端添加碱基

C．DNA 聚合酶只能以 RNA 为模板合成 DNA

D．RNA 聚合酶和 DNA 聚合酶只能在多核苷酸链的 3′-OH 末端添加核苷酸

E．DNA 聚合酶能同时在链的两端添加核苷酸

40．复制和转录过程具有许多异同点，下列关于复制与转录的描述哪一项是错误的

A．在体内以一条 DNA 链为模板转录，以两条 DNA 链为模板复制

B．在这两个过程中新链合成方向都

是 5′→3′

C．复制的产物通常情况下大于转录的产物

D．两个过程均需要 RNA 作为引物

E．DNA 聚合酶和 RNA 聚合酶都需要 Mg^{2+}

41．大肠杆菌 RNA 聚合酶全酶分子中，负责识别启动子的亚基是

A．ρ 因子

B．核心酶

C．RNA 聚合酶的 α 亚基

D．RNA 聚合酶的 β 亚基

E．RNA 聚合酶的 σ 亚基

42．与镰刀状红细胞性贫血有关的突变是

A．断裂　　　　B．插入

C．缺失　　　　D．交联

E．点突变

43．下列哪种 RNA 在蛋白质合成中作为蛋白质肽链合成的直接模板

A．mRNA　　　B．tRNA

C．rRNA　　　D．DNA

E．hnRNA

44．翻译的产物是

A．蛋白质　　　B．tRNA

C．mRNA　　　D．rRNA

E．DNA

45．下列哪种物质在蛋白质合成中起转运氨基酸的作用

A．mRNA　　　B．tRNA

C．rRNA　　　D．DNA

E．hnRNA

46．遗传密码的简并性指的是

A．大多数氨基酸有两种或两种以上的密码子

B．密码中有许多稀有碱基

C．一种氨基酸只有一种密码子

D．一些密码子适用于一种以上的氨基酸

E．一些三联体密码可缺少一个嘌呤碱或嘧啶碱

47．mRNA 的信息阅读方式是

A．从多核苷酸链的 5′末端向 3′末端进行阅读

B．从多核苷酸链的 3′-末端向 5′-末端进行阅读

C．先从 5′-末端阅读，然后再从 3′-末端阅读

D．5′-末端及 3′末端同时进行

E．从中间分别向 5′末端和 3′末端进行阅读

48．蛋白质生物合成的能量来源除了 ATP，还有
A．ADP　　　　　　B．GTP
C．CTP　　　　　　D．dATP
E．UTP

49．某一种 tRNA 的反密码子为 5′GUC3′，它识别的密码子序列是
A．AAG　　　　　　B．CAG
C．GAC　　　　　　D．GAA
E．AGG

50．翻译的起始密码是
A．UAA　　　　　　B．AUG
C．UGA　　　　　　D．AUC
E．UGA

51．生物体能编码 20 种氨基酸的遗传密码的个数为
A．1　　　　　　　B．3
C．20　　　　　　　D．61
E．64

52．下列关于氨基酸密码的叙述，哪一项是正确的
A．由 DNA 链中相邻的三个核苷酸组成
B．由 tRNA 链中相邻的三个核苷酸组成
C．由 mRNA 链中相邻的三个核苷酸组成
D．由多肽链中相邻的三个氨基酸组成
E．由 rRNA 链中相邻的三个核苷酸组成

53．蛋白质分子中氨基酸的排列顺序决定因素是
A．氨基酸的种类
B．tRNA 分子中核苷酸的排列顺序
C．转肽酶
D．mRNA 分子中核苷酸的排列顺序
E．核糖体

54．基因工程中最常用的宿主细胞是
A．链球菌　　　　　B．葡萄球菌
C．大肠杆菌　　　　D．病毒
E．质粒

55．催化聚合酶反应的酶是
A．DNA 聚合酶
B．RNA 聚合酶
C．TaqDNA 聚合酶
D．限制性核酸内切酶
E．反转录酶

56．密码的特异性主要取决于
A．第 1 位碱基　　　B．第 2 位碱基
C．第 3 位碱基　　　D．前两位碱基
E．后两位碱基

57．真核生物 mRNA 前体的加工修饰不需要
A．在 5′-末端加 $m^7GpppGp$-帽子结构
B．在 3′-末端加多聚腺苷酸尾巴结构
C．在 3′-末端加上 CCA-OH 结构
D．切除内含子
E．拼接外显子

58．tRNA 分子上 3′-末端序列的功能是
A．辨认 mRNA 上的密码子
B．剪接修饰作用
C．辨认与核糖体结合的组分
D．提供-OH 基与氨基酸结合
E．识别蛋白质合成的起始点

59．以下关于 tRNA 的叙述，错误的是
A．tRNA 的二级结构是三叶草形
B．tRNA 的二级结构中有氨基酸臂
C．反密码环有 CCA 三个碱基组成反密码子
D．tRNA 分子中含有较多的稀有碱基
E．tRNA 的三级结构是倒 L 形

60．以下不是组成聚合酶链反应的基本成分是
A．模板 DNA
B．特异性引物
C．耐热 DNA 聚合酶
D．四种核苷三磷酸
E．含有 Mg^{2+} 的缓冲液

（荣熙敏）

第九章　　水与无机盐代谢

【知识要点】

一、水代谢

电解质的概念；非电解质的概念；体液（即内环境）的概念。

1. 水的含量和分布：

(1) 体液的含量及分布：

$$
体液（60\%）
\begin{cases}
细胞内液（40\%） \\[2mm]
细胞外液（20\%）
\begin{cases}
组织间液（15\%） \\[2mm]
血浆（5\%）
\end{cases}
\end{cases}
$$

(2) 影响体液的因素

① 年龄：越小越多。

② 体型（即胖瘦）：越瘦越多。

③ 性别：男性＞女性。

2. 水的生理功能：

(1) 促进体内物质的代谢：① 是良好溶剂，提供反应环境；② 作为反应物，直接参与代谢。

(2) 调节体温：① 水的比热大；② 水的蒸发热大；③ 水的流动性强。

(3) 润滑作用：唾液、泪液、关节液、黏液等。

(4) 赋形作用：维持组织的正常形态和功能。

① 自由水：呈液体，具有流动性。

② 结合水：与蛋白质、核酸、多糖等物质结合存在，呈固态，具有弹性。

3. 水的摄入和排出：见表9-1。

表 9-1　正常成人每日水的摄入量和排出量

水的摄入量（ml）		水的排出量（ml）	
饮水	1200	皮肤蒸发（隐性出汗）	500
食物水	1000	呼吸道蒸发（平静呼吸）	350
代谢水	300	粪便排水	150
		肾脏排水	1500
总量	2500		2500

(1) 饮水和食物水这两种形式摄入的水量根据个体差异不同，受到气候、生活习惯、食

物种类和数量、工作性质和活动强度等多种因素的影响。

(2) 水的动态平衡与临床的关系：① 成人尿量每天不能低于 500 ml；② 成人每天最低需水量 1500 ml。

二、无机盐的代谢

1. 无机盐的生理功能：

(1) 维持体液的正常渗透压。

(2) 维持体液的酸碱平衡。

(3) 维持神经肌组织的应激性（K^+对神经肌肉及心肌细胞的不同作用）。

· 血钾浓度改变对心肌的影响：

① 高血钾：心肌细胞兴奋性降低，心脏停搏于舒张期。

② 低血钾：心肌细胞兴奋性增强，心脏停搏于收缩期。

(4) 维持细胞正常的新陈代谢。

2. 体液电解质的含量和分布：机体各部分体液中电解质含量有所不同，但正、负离子总量是相等的。

(1) 细胞内液主要的阳离子和阴离子。

(2) 细胞外液主要的阳离子和阴离子。

(3) 各体液中蛋白质的含量不同：细胞内液 > 血浆 > 组织间液（对维持血浆胶体渗透压有着重要作用）。

3. 钠和氯、钾的代谢：

(1) 钠和氯、钾的含量与分布。

(2) 钠和氯、钾的吸收与排泄：

① 钠和氯的吸收与排泄。

② 钾的吸收与排泄。

· 静脉补钾要遵循四个原则（即四不宜）。

· 临床上用静脉滴注胰岛素葡萄糖液，以缓解高血钾。

(3) 物质代谢对血钾的影响：

影响血钾浓度的因素包括以下几个方面：

① 细胞内外 K^+ 平衡速度。

② 糖、蛋白质代谢的影响：合成代谢→钾进入细胞内→血[K+]↓；

分解代谢→钾释出细胞→血[K+]↑。

③ 能量代谢：缺氧→ATP 生成↓→钠钾泵功能↓→血[K+]↑。

④ 酸碱平衡：酸中毒→血[K+]↑，碱中毒→↓。

4. 钙、磷的代谢：

(1) 钙、磷的含量。

(2) 钙、磷的吸收与排泄。

· 影响钙吸收的因素：

① 肠道 pH：酸性促进吸收。

② 活性维生素 D_3：即 $1,25\text{-}(OH)_2\text{-}D_3$（主要因素）促进吸收。

③ 食物成分：草酸、植酸等妨碍吸收。

④ 年龄：反比。

(3) 钙、磷的生理功能。

(4) 血钙：

① 血钙的存在形式：

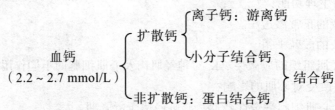

② 血钙中直接发挥生理功能的是离子钙。

③ 离子钙与结合钙的动态平衡：

$$Ca^{2+} + 血浆蛋白质 \underset{[H+]}{\overset{[HCO_3^-]}{\rightleftharpoons}} 结合钙$$

碱中毒：PH↑，$[Ca^{2+}]$↓，抽搐

酸中毒：PH↓，$[Ca^{2+}]$↑

(5) 钙、磷代谢的调节：

① 钙磷乘积的概念。

② 钙磷乘积的意义：

· 当($[Ca]×[P]$)> 40，则钙和磷以骨盐形式沉积于骨组织。

· 若($[Ca]×[P]$)< 35，则妨碍骨的钙化，甚至可使骨盐溶解，影响成骨作用。

③ 钙磷代谢的调节因素：见表9-2。

表 9-2　钙、磷代谢的激素调节

项　　目	甲状旁腺素（PTH）	1,25-二羟基维生素 D_3	降钙素（CT）
血　　钙	↑	↑	↓
血　　磷	↓	↑	↓
小肠钙吸收	↑	↑↑	↓
小肠磷吸收	↑	↑	↓
肾钙重吸收	↓	↑	↓
溶肾作用	↑↑	↑	↓
成骨作用	↑	↑	↑

5. 镁的代谢：

(1) 镁的来源与分布。

(2) 镁的生理功能：① 酶的激活剂；② 对心血管系统的影响；③ 导泻作用。

(3) 镁的吸收与排泄。

6. 微量元素的代谢：

(1) 微量元素的概念及种类。

(2) 铁的代谢：① 铁的来源；② 铁的吸收与排泄；③ 铁的缺乏与过量。

(3) 锌、碘、硒、氟的代谢。

三、水与电解质平衡的调节

机体主要通过肾来维持体液的平衡，保持内环境稳定。肾的调节功能受神经和内分泌反应的影响。

1. 神经系统的调节：中枢神经系统通过对体液渗透压的变化，将感受传递给丘脑下部的渴感中枢。

2. 抗利尿激素的调节：抗利尿激素的主要功能是增加肾远曲小管和集合管对水的重吸收，主要调节水代谢，维持体液渗透压平衡。

3. 醛固酮的调节作用：醛固酮是调节水、盐代谢的主要激素，其主要作用是促进肾远曲小管对 Na^+ 的主动重吸收和 H^+、K^+ 的分泌。

四、水与电解质平衡紊乱

1. 水、钠代谢紊乱：

(1) 脱水：① 高渗性脱水；② 低渗性脱水；③ 等渗性脱水。

(2) 水中毒：水潴留，伴有低钠血症。

2. 钾代谢紊乱：

(1) 高血钾：血清钾浓度超过 5.5 mmol/L 时为高血钾。

(2) 低血钾：血清钾浓度低于 3.5mmol/L 时为低血钾。

【课前预习】

一、基础知识

1. 生理学知识：体液、渗透压、钠钾泵、抗利尿激素、醛固酮

2. 病理学知识：高渗性脱水、低渗性脱水、等渗性脱水、水中毒、高血钾和低血钾。

二、预习目标

1. 正常成人体液总量约占体重的_____，其中细胞内液约占体重的_____，细胞外液约占体重的_____。细胞外液中，血浆约占体重的_____，细胞间液约占体重的_____。

2. 影响体液的因素有_____、_____和_____。水的生理功能主要有_____、_____、_____、_____、_____。

3. 正常人体液内水的来源有_____、_____和_____，每天摄入水的总量约为_____；水的去路有_____、_____、_____、_____，每天成人排出水量约为_____；胃肠手术后，不能进食、饮水的患者，每天补液量不能少于_____。

4. 机体每日约有_____g 代谢废物经肾脏排泄，尿中每克溶质质量最少需要_____ml水才能使之溶解，每日尿量至少需要_____ml 才能充分排泄代谢废物。

5. 静脉补钾的原则是：_____，_____，

_____，_____，_____。

6. 维生素 D_3 的活化形式是_____；血钙中直接发挥生理功能的钙是_____。

7. 血浆钙、磷浓度以_____表示时，[Ca]×[P]=_____，此关系称为_____。

【课后巩固】

一、名词解释

体液　结合水　血钙　扩散钙　非扩散钙　钙磷乘积　微量元素

二、填空题

1. 影响体液的因素有_____、_____和_____，年龄越小，体液的总量和细胞外液就_____，男性体液比同体重的女性体液更_____，肥胖者体内的水分较_____。

2. 水的生理功能主要有_____、_____、_____、_____。

3. 无机盐的生理功能有_____、_____、_____、_____。

4. 常见使得神经肌肉应激性增强的例子是_____、_____；K^+对心肌的兴奋性是_____作用，Ca^{2+}对心肌的兴奋性是_____作用。在临床中一旦出现血钠浓度和血钾浓度降低时，会导致神经肌组织兴奋性_____，表现为_____，严重低血钾会造成_____；血钙、血镁浓度降低，碱中毒（氢离子浓度降低）时，神经肌组织兴奋性_____，严重时会导致_____，特别是_____是引起婴儿抽搐的常见原因。

5. 临床常见血钾浓度改变对心肌的影响：高血钾导致心肌细胞兴奋性_____，传导性_____，收缩性_____，从而使得房室传导阻滞，心电图上主要表现为 P-R 间期_____，心率_____，严重时心室发生颤动，不能有效泵出回收血液，导致心脏停止跳动，停跳于_____；低血钾导致心肌细胞兴奋性_____，传导性_____，收缩性_____，特别是_____的自律性增强，而正常情况下_____（慢反应细胞）自律性最高，当低血钾时导致快反应细胞兴奋性增强，自律性增强，超过窦房结自律性时出现_____，表现为_____，连续三个以上，称为_____，严重时会导致心室颤动，心脏停搏于_____。

6. 细胞内液主要的阳离子是_____，阴离子是_____和_____；细胞外液主要的阳离子是_____，阴离子是_____和_____。各体液中蛋白质的含量不同：_____＞_____＞_____。

7. 血浆中主要的阳离子是_____，浓度为_____；细胞内液主要的阳离子是_____，浓度为_____；氯主要分布在_____，血氯浓度为_____。

8. 机体所需钠、氯、钾来自于_____，主要经_____排泄；肾脏对钠的排泄特点是：_____、_____；钾的排泄特点是_____、_____；

临床上静脉补钾的原则是：_____，_____，

_____，_____，_____。

9. 钙的主要排泄途径是_____，磷的主要排泄途径是_____；

血钙中直接发挥生理功能的钙是_____；血钙以_____和_____两种形式存在。

10. 调节钙磷代谢的主要因素包括_____、_____和_____。

甲状旁腺素的作用是使血钙_____、血磷_____；降钙素的作用是使血钙_____、

血磷_____；维生素 D_3 分别经过_____和_____的两次

羟化作用生成其活化形式是_____它的作用是使血钙_____、血

磷_____。

11. 血浆中氢离子浓度增高，血浆结合钙浓度_____，离子钙浓度_____；

血浆中[HCO_3^-]增高，血浆离子钙浓度_____，结合钙浓度_____。

12. 神经-体液系统对水和电解质平衡的调节作用是通过_____

和_____等来进行的。

13. 血浆钙、磷浓度以_____表示时，[Ca]×[P] = _____，此关系称为_____。

14. 体内含量占体重万分之一以下，或每日需要量在_____mg 以下的元素称为_____。

15. 高血钾伴有代谢性_____，低血钾伴有代谢性_____。

【综合练习】

A1 型题

1. 体液是指

A．细胞外液体及溶解在其中的物质

B．体内的水与溶解在其中的物质

C．体内的水与溶解在其中的无机盐

D．体内的水与溶解在其中的蛋白质

E．细胞内液体及溶解在其中的物质

2. 电解质是指

A．体液中的各种无机盐

B．细胞外液中的各种无机盐

C．细胞内液中的各种无机盐

D．一些低分子有机物以离子状态溶于体液中

E．体液中的各种无机盐和一些低分子有

机物以离子状态溶于体液中

3. 正常成年人体液含量约占体重的

A．40%   B．50%

C．40%~50%   D．60%

E．70%

4. 正常成人血浆约占体重的

A．4%   B．5%

C．6%   D．7%

E．8%

5. 内环境是指

A．细胞外液   B．细胞内液

C．穿细胞液   D．体液

E．血浆

6. 细胞内外液的含量

A．是固定不变的

B．是处于不平衡状态的

C．主要由动脉血压变化来决定其动态平衡

D．主要由细胞膜两侧渗透压决定其动态平衡

E．主要由肾排出尿量的多少决定其动态平衡

7. 关于体液总量，下列描述错误的是

A．受年龄、性别和胖瘦等因素的影响

B．成年男性体液比同体重的女性含量更多

C．年龄越小体液的含量越少

D．肥胖者比同体重均衡体型者体液含量低

E．老年人体液含量比成年人低

8．水肿一般是指

　　A．体重增加

　　B．细胞外液增多，钠浓度降低

　　C．细胞内液增多，钾浓度降低

　　D．细胞间液增多，钠浓度无明显变化

　　E．以上都不对

9．以下不属于水的生理功能是

　　A．调节体温

　　B．维持组织的正常结构与功能

　　C．参与物质代谢

　　D．维持神经肌肉的应激性

　　E．润滑关节和体腔

10．以下不属于水的正常生理排出途径的是

　　A．呼吸蒸发

　　B．显现出汗

　　C．随粪便排泄

　　D．随尿液排泄

11．胃肠手术后，不能进食、饮水的患者，每天补液量不能少于

　　A．500 ml　　　　　B．1000 ml

　　C．1500 ml　　　　 D．2500 ml

12．正常成人每日最低尿量不少于

　　A．100 ml　　　　　B．500 ml

　　C．800 ml　　　　　D．1000 ml

　　E．1500 ml

13．正常成人每天通过生物氧化可产生水的量为

　　A．100 ml　　　　　B．300 ml

　　C．350 ml　　　　　D．500 ml

　　E．1000 ml

14．决定细胞外液渗透压的主要因素是

　　A．蛋白质　　　　　B．球蛋白

　　C．K^+　　　　　　D．Na^+

　　E．Ca^{2+}

15．影响血浆胶体渗透压最重要的蛋白质是

　　A．白蛋白　　　　　B．球蛋白

　　C．纤维蛋白原　　　D．凝血酶原

E．珠蛋白

16．维持细胞外液容量及渗透压的主要的离子对是

　　A．Na^+,HCO_3^-　　B．K^+,Cl^-

　　C．Na^+,Cl^+　　　D．Na^+,HPO_4^{2-}

　　E．Cl^-,HPO_4^{2-}

17．能够降低神经、肌肉兴奋性的离子是

　　A．Ca^{2+}　　　　　B．K^+

　　C．Na^+　　　　　　D．OH^-

　　E．Cl^-

18．对心肌细胞有抑制作用的离子是

　　A．Na^+　　　　　　B．K^+

　　C．OH^-　　　　　　D．Ca^{2+}

　　E．Cl^-

19．引起手足搐搦的原因是血浆中

　　A．结合钙浓度升高

　　B．结合钙浓度降低

　　C．离子钙浓度升高

　　D．离子钙浓度降低

　　E．络合钙浓度升高

20．血浆中含量最多的阳离子是

　　A．Na^+　　　　　　B．K^+

　　C．Ca^{2+}　　　　　D．Mg^{2+}

　　E．H^+

21．血浆中含量最多的阴离子是

　　A．HCO_3^-　　　　　B．HPO_4^{2-}

　　C．SO_4^{2-}　　　　　D．Cl^-

　　E．蛋白质阴离子

22．细胞内液中最主要的阳离子是

　　A．Na^+　　　　　　B．K^+

　　C．Ca^{2+}　　　　　D．Mg^{2+}

　　E．Fe^{2+}

23．组织间液和血浆所含溶质的主要差别是

　　A．Na^+　　　　　　B．K^+

　　C．有机酸　　　　　D．蛋白质

　　E．Mg^{2+}

24．以下关于胃肠道分泌液中电解质浓度的说法，错误的是

A．胃液中 H^+ 是最主要阳离子

B．胃液中 HCO_3^- 是最主要阴离子

C．肠液中 Na^+ 是最主要阳离子

D．胃肠道各种消化液中含 K^+ 量高于血清

E．胃肠道各种消化液中含 K^+ 量与血清中 K^+ 大致相等

25．重度高钾血症时，心肌的

A．兴奋性↑、传导性↑、自律性↑

B．兴奋性↑、传导性↑、自律性↓

C．兴奋性↑、传导性↓、自律性↓

D．兴奋性↓、传导性↓、自律性↓

E．兴奋性↓、传导性↑、自律性↑

26．重度低钾血症或缺钾的患者常有

A．神经-肌肉的兴奋性升高

B．心律不齐

C．胃肠道运动功能亢进

D．代谢性酸中毒

E．少尿

27．给患者静脉滴注胰岛素葡萄糖液后，会出现

A．细胞内 K^+ 逸出细胞外

B．细胞外 K^+ 进入细胞内

C．K^+ 没有发生转移

D．尿中排 K^+ 增多

E．尿中排 K^+ 减少

28．临床上遇到患者出现高血钾时，应该

A．输入 KCl

B．输入生理盐水

C．输入的葡萄糖中加适量的胰岛素

D．输入 NaCl

E．输入葡萄糖水

29．以下哪一项正确描述了细胞膜上 Na^+-K^+-ATP 酶的作用

A．K^+ 泵出细胞外，Na^+ 泵入细胞内

B．K^+ 泵出细胞外，H^+ 泵入细胞内

C．K^+ 泵入细胞内，Na^+ 泵出细胞外

D．K^+ 泵入细胞内，H^+ 泵出细胞外

E．Na^+ 泵出细胞外，H^+ 泵入细胞内

30．过量胰岛素产生低钾血症的机制是

A．大量出汗，钾丧失过多

B．醛固酮分泌过多

C．肾小管重吸收钾障碍

D．结肠分泌钾加强

E．细胞外钾向胞内转移

31．以下有关钠和氯代谢的描述，错误的是

A．大部分分布于细胞外液中

B．可维持细胞外液的晶体渗透压

C．可维持组织的兴奋性

D．参与酸碱平衡的调节

E．主要分布于细胞内液中

32．血清钾浓度的正常范围是

A．130～150 mmol/L

B．140～160 mmol/L

C．3.5～5.5 mmol/L

D．0.75～1.25 mmol/L

E．2.25～2.75 mmol/L

33．某患者做消化道手术后禁食一周，仅静脉输入葡萄糖盐水，此患者最容易发生的电解质紊乱是

A．低血钠　　　　　B．低血钙

C．低血镁　　　　　D．低血磷

E．低血钾

34．正常成人血浆中的钙磷乘积是

A．35～40　　　　　B．25～30

C．45～50　　　　　D．50～55

35．正常人血浆中的 pH 为

A．7.3　　　　　　B．7.35

C．7.35～7.45　　　D．7.45

E．7.55

36．血浆胶体渗透压高于组织间液是因为

A．血浆 Na^+ 含量高于组织间液

B．血浆 Na^+ 含量低于组织间液

C．血浆蛋白质含量高于组织间液

D．血浆蛋白质含量低于组织间液

E．血浆 K^+ 含量高于组织间液

37．促使钾离子从细胞内逸出到胞外的因素是

A．摄入含钾丰富的食物

B. 蛋白质合成

C. 酸中毒

D. 糖原合成

E. 碱中毒

38. 体液呈电中性是因为

A. 其中所含阴阳离子的摩尔电荷总量相等

B. 其中所含阴阳离子的浓度相等

C. 其中所含阴阳离子的颗粒数相等

D. 其中所含阴阳离子的体积相等

E. 其中所含阴阳离子的分布相等

39. 关于肾对钾的排泄特点，以下描述错误的是

A. 多吃多排　　　B. 少吃少排

C. 不吃不排　　　D. 不吃也排

E. 以上均不对

40. 关于肾对钠的排泄特点，以下描述错误的是

A. 多吃多排　　　B. 少吃少排

C. 不吃不排　　　D. 不吃也排

E. 以上均不对

41. 血钙中发挥生理作用的是

A. 结合钙　　　B. 离子钙

C. 血浆钙　　　D. 络合钙

E. 小分子结合钙

42. 维生素 D_3 的活性形式是

A. $1,25\text{-}(OH)_2\text{-}D_3$

B. $24,25\text{-}(OH)_2\text{-}D_3$

C. $1,24\text{-}(OH)_2\text{-}D_3$

D. $1,24,25\text{-}(OH)_3\text{-}D_3$

E. $1,25\text{-}(OH)_2\text{-}D_2$

43. 血钙是指

A. 血浆中的离子钙

B. 血浆中的总钙量

C. 血浆中的结合钙

D. 血浆中的络合钙

E. 血浆中的磷酸钙

44. 影响钙吸收的最主要因素是

A. 年龄

B. 肠道 pH

C. 食物性质

D. 活性维生素 D

E. 食物中钙的含量

45. 钙的主要排泄途径为

A. 肝脏　　　B. 肾脏

C. 肠道　　　D. 胆道

E. 皮肤

46. 磷的主要排泄途径为

A. 肝脏　　　B. 肾脏

C. 肠道　　　D. 胆道

E. 皮肤

47. 血浆结合钙主要是指

A. 小分子结合钙

B. 柠檬酸钙

C. 碳酸钙

D. 磷酸钙

E. 蛋白结合钙

48. 血浆中非扩散钙是指

A. 血浆蛋白结合钙

B. 柠檬酸钙

C. 碳酸钙

D. 磷酸钙

E. 离子钙

49. 骨盐的最主要成分是

A. 羟磷灰石　　　B. 磷酸氢钙

C. 碳酸钙　　　D. 柠檬酸钙

E. 氢氧化钙

50. $1,25\text{-}(OH)_2\text{-}D_3$ 的功能是

A. 提高血钙，减低血磷

B. 提高血磷，降低血钙

C. 提高血钙和血磷

D. 减低血钙和血磷

E. 以上都不是

51. 正常机体水、电解质的动态平衡主要是通过什么作用来调节的

A. 神经系统

B. 内分泌系统

C. 神经-内分泌系统

D. 肾、肺

E. 胃肠道

52. PHT 的功能是

A．提高血钙，减低血磷

B．提高血磷，降低血钙

C．提高血钙和血磷

D．减低血钙和血磷

E．以上都不是

53. 降钙素的功能是

A．提高血钙，减低血磷

B．提高血磷，降低血钙

C．提高血钙和血磷

D．减低血钙和血磷

E．以上都不是

54. 维生素 D_3 原是指

A．胆固醇　　　　B．麦角固醇

C．7-脱氢胆固醇　　D．丙二醇

E．胆钙化醇

55. 微量元素在体内的含量占体重的

A．千分之一以下

B．万分之一以下

C．千分之一以上

D．万分之一以上

E．百分之一以下

56. 在我们的日常生活中出现了"加碘食盐"、"增铁酱油"、"高钙牛奶"、"富硒茶叶"、"含氟牙膏"等商品。这里的碘、铁、钙、硒、氟应理解为

A．元素　　　　B．单质

C．分子　　　　D．氧化物

E．原子

57. 微量元素是指含量在人体总重量的 0.01% 以下的元素，这些元素对人体的正常发育和健康起着重要的作用，下列各组元素全部是微量元素的是

A．Na、K、Cl、S、O

B．F、I、Fe、Zn、Cu

C．N、H、O、P、C

D．Ge、Se、Cu、Mg、C

E．C、H、O、N、P

58. 缺铁会引起下列哪些症状

A．侏儒症　　　　B．骨质疏松症

C．甲亢　　　　　D．贫血

E．营养不良

59. 钙是人体必需的常量元素，成年人每天需要 800 mg 钙，维生素 D 有利于对钙的吸收。下列补钙的途径不正确的是

A．经常晒太阳

B．经常饮用钙离子含量高的硬水

C．经常饮用牛奶、豆奶

D．补充维生素 D

E．补充葡萄糖酸钙口服液

60. 医生建议某甲状腺肿大的患者多食海带，这是由于海带中含有较丰富的

A．铁元素　　　　B．钙元素

C．碘元素　　　　D．维生素

E．铜元素

（荣熙敏）

第十章　酸碱平衡

【知识要点】

酸碱平衡是指机体通过调节，维持体液酸碱度在相对恒定的范围内平衡。

一、体内酸碱物质的来源

酸、碱的概念：碱——受 H^+ 者为碱；酸——释 H^+ 者为酸。

1. 体内酸性物质的来源：

(1) 挥发性酸：碳酸（H_2CO_3），在肺部重新分解为 CO_2 呼出，又称呼吸性酸，是体内产生最多的酸。

(2) 固定酸：糖、脂肪、蛋白质（酸性食物）分解产生的，只能通过肾随尿液排出的酸，又称非挥发性酸或代谢性酸。

2. 体内碱性物质的来源：

(1) 食物中的碱：蔬菜水果（碱性食物）中含的钠盐、钾盐可形成 $KHCO_3$ 和 $NaHCO_3$。

(2) 体内代谢产生的碱：氨基酸脱氨基作用产生的氨。

二、酸碱平衡的调节

1. 血液的缓冲功能：

(1) 血液缓冲体系：见表 10-1。

表 10-1　血液缓冲体系

血液缓冲体系	碳酸氢盐缓冲对	磷酸氢盐缓冲对	蛋白质缓冲对
血浆缓冲体系	$NaHCO_3 / H_2CO_3$	Na_2HPO_4 / NaH_2PO_4	NaPr/HPr
红细胞缓冲体系	$KHCO_3 / H_2CO_3$	K_2HPO_4 / KH_2PO_4	$KHbO_2 / HHbO_2$ KHb / HHb

① 血浆中缓冲能力最强的缓冲对是：$NaHCO_3/H_2CO_3$，只要 $NaHCO_3$ 与 H_2CO_3 浓度之比为 20:1，血浆的 pH 即为 7.4。

② 红细胞中缓冲能力最强的缓冲对是：$KHbO_2/HHbO_2$、KHb/HHb。

(2) 血液缓冲体系的缓冲作用：

① 对挥发性酸的缓冲：主要被 $KHbO_2/HHbO_2$ 和 KHb/HHb 缓冲对缓冲。

② 对固定酸的缓冲：主要由 $NaHCO_3$ 来缓冲，习惯上将血浆中的 $NaHCO_3$ 称为碱储。

③ 对碱的缓冲：主要由 H_2CO_3 来缓冲。

2. 肺在调节酸碱平衡中的作用：肺通过改变呼吸频率和深度来调节 CO_2 的排出量，调控血浆中 H_2CO_3 的浓度来维持血浆 pH 相对恒定。

① $PCO_2\uparrow$、$pH\downarrow\rightarrow$刺激呼吸中枢神经$\rightarrow$呼吸加深、加快$\rightarrow CO_2$的排出量$\uparrow\rightarrow[H_2CO_3]\downarrow$。

② $PCO_2\downarrow$、$pH\uparrow\rightarrow$抑制呼吸中枢神经$\rightarrow$呼吸变浅、变慢$\rightarrow CO_2$的排出量$\downarrow\rightarrow[H_2CO_3]\uparrow$。

3. 肾在调节酸碱平衡中的作用：

肾是调节酸碱平衡的主要器官，最根本持久，通过以下三种作用实现：

(1) $NaHCO_3$ 的重吸收：肾通过 H^+—Na^+ 交换的形式重吸收 $NaHCO_3$，以维持体液的酸碱平衡。

(2) 尿液的酸化：肾通过 H^+—Na^+ 交换的形式，使小管液中 Na_2HPO_4 / NaH_2PO_4 的比值由原尿的 4:1 降低至 1:99，pH 由原尿的 7.4 降至终尿的 4.8。

(3) 泌 NH_3 作用：由于 $NH_3+H^+\rightarrow NH_4^+$，泌氨作用有利于促进泌氢功能；$NH_4^+$ 的排出是肾小管泌 H^+ 的另一种形式。

三、酸碱平衡失常

1. 酸碱平衡失常的基本类型：

(1) 呼吸性酸中毒：血浆中 H_2CO_3 的浓度原发性升高，$NaHCO_3$ 的浓度继发性升高。

(2) 呼吸性碱中毒：血浆中 H_2CO_3 的浓度原发性降低，$NaHCO_3$ 的浓度继发性降低。

(3) 代谢性酸中毒：血浆中 $NaHCO_3$ 的浓度原发性降低，H_2CO_3 的浓度继发性降低，表现特点为呼吸加深、加快。它是临床上最常见的酸碱平衡失常，常见原因有：① 酸性物质产生过多；② 肾脏排酸保钠功能障碍；③ 碱性物质丢失过多。

(4) 代谢性碱中毒：血浆中 $NaHCO_3$ 的浓度原发性升高，H_2CO_3 的浓度继发性升高，表现特点为呼吸变浅、变慢。常见原因有：① 胃酸大量丢失；② 大量使用利尿剂；③ $NaHCO_3$ 摄入过多。

2. 判断酸碱平衡的生化指标，见图 10-2。

(1) 血浆 pH：正常人血浆 pH 为 7.35 ~ 7.45；pH<7.35 为酸中毒；pH>7.45 为碱中毒。

(2) 二氧化碳分压（PCO_2）：正常参考值为 4.5 ~ 6.0kPa，是衡量肺泡通气量的良好指标，也是反应呼吸性酸或碱中毒的重要指标。

(3) 血浆二氧化碳结合力（CO_2-CP）：正常值为 22 ~ 31 mmol/L。

(4) 实际碳酸氢盐（AB）和标准碳酸氢盐（SB）。

表 10-2　酸碱平衡失常的类型及某些生化指标的变化

指标	酸中毒				碱中毒			
	呼吸性		代谢性		呼吸性		代谢性	
	代偿	失代偿	代偿	失代偿	代偿	失代偿	代偿	失代偿
原发性改变	$[H_2CO_3]\uparrow$		$[NaHCO_3]\downarrow$		$[H_2CO_3]\downarrow$		$[NaHCO_3]\uparrow$	
pH	正常	$\downarrow$	正常	$\downarrow$	正常	$\uparrow$	正常	$\uparrow$
PCO_2	$\uparrow$	$\uparrow\uparrow$	$\downarrow$	$\downarrow$	$\downarrow$	$\downarrow\downarrow$	$\uparrow$	$\uparrow$
CO_2-CP	$\uparrow$	$\uparrow$	$\downarrow$	$\downarrow\downarrow$	$\downarrow$	$\downarrow$	$\uparrow$	$\uparrow\uparrow$
SB 与 AB	SB<AB		SB>AB		SB=AB 均$\downarrow$		SB=AB 均$\uparrow$	

【课前预习】

一、基础复习

1. 化学基础：酸碱定义，常见的酸碱物质，正常的血浆 pH。

2. 生化基础：生物氧化，酮体，氨基酸代谢。

3. 生理基础：H^+—Na^+交换。

二、预习目标

1. 碳酸（H_2CO_3）在肺部重新分解为 CO_2 呼出，称为＿＿＿＿＿＿＿，是体内产生最＿＿＿＿＿＿的酸；物质代谢过程中分解产生的乳酸、硫酸、乙酰乙酸等，只能通过＿＿＿＿＿随尿液排出，称为＿＿＿＿＿＿。

2. 血浆中缓冲能力最强的缓冲对是＿＿＿＿＿＿＿，血浆 pH 主要取决于其中所含 $NaHCO_3$ 与 H_2CO_3 的＿＿＿＿＿＿，两者比值为＿＿＿＿＿，血浆 pH 为 7.4。

3. 肺通过改变呼吸＿＿＿＿＿＿＿和＿＿＿＿＿＿＿来调节 CO_2 的＿＿＿＿＿＿，调控血浆中＿＿＿＿＿的浓度来维持血浆 pH 相对恒定；肾脏通过＿＿＿＿＿＿＿＿、＿＿＿＿＿＿＿和＿＿＿＿＿＿＿＿＿三种机制来实现酸碱平衡的调节。

4. 呼吸性酸中毒是由于血浆中＿＿＿＿＿＿的浓度原发性＿＿＿＿＿导致的；呼吸性碱中毒是由于血浆中＿＿＿＿＿＿的浓度原发性＿＿＿＿＿导致的。

5. 代谢性酸中毒是由于血浆中＿＿＿＿＿＿的浓度原发性＿＿＿＿＿导致的；代谢性碱中毒是由于血浆中＿＿＿＿＿＿的浓度原发性＿＿＿＿＿导致的。

6. 临床上最常见的酸碱平衡失常是＿＿＿＿＿＿＿＿＿＿；判断酸碱平衡的生化指标常见的有＿＿＿＿＿＿、＿＿＿＿＿＿、＿＿＿＿＿＿、＿＿＿＿＿＿和＿＿＿＿＿＿。

【课后巩固】

一、名词解释

酸碱平衡　　挥发性酸　　固定酸　　碱储　　酸碱平衡紊乱　　代偿性酸碱平衡失常　　呼吸性酸中毒　　代谢性酸中毒　　二氧化碳分压　　二氧化碳结合力　　标准碳酸氢盐

二、填空题

1. 体内酸性物质来源于代谢产生的挥发性酸（即＿＿＿＿＿＿）和固定酸（即＿＿＿＿＿、＿＿＿＿＿＿、＿＿＿＿＿等）以及＿＿＿＿＿中的酸；代谢产生的碱性物质主要有＿＿＿＿＿和＿＿＿＿＿；糖、脂肪和蛋白质是＿＿＿＿＿性食物，蔬菜和水果是＿＿＿＿＿性食物。

2. 体内糖、脂肪和蛋白质三大营养物质彻底氧化分解的终产物是＿＿＿＿＿和＿＿＿＿＿，两者结合产生＿＿＿＿＿，在肺部重新分解为 CO_2 呼出，称为＿＿＿＿＿＿＿＿，又称＿＿＿＿＿＿，是体内产生最＿＿＿＿＿的酸；物质代谢过程中分解产生的乳酸、硫酸、乙酰乙酸等，只能通过_____随尿液排出，称为_____，又称非挥发性酸或代谢性酸。

3. 体液 pH 的相对恒定主要是依靠_____、_____和_____三方面的作用，其中最早发现的作用是_____，作用强而持久的调节器官是_____，主要通过_____交换的形式来实现的。

4. 血液中主要的缓冲体系是_____、_____和_____，最重要的是_____；血浆中的主要阳离子是_____，故弱酸盐为_____；红细胞中的主要阳离子是_____，故弱酸盐为_____。

5. 血浆中缓冲能力最强的缓冲对是_____，红细胞中缓冲能力最强的缓冲对是_____和_____。

6. 挥发性酸主要被_____和_____缓冲对缓冲；固定酸主要由_____来缓冲；碱主要由_____来缓冲。习惯上将血浆中的_____称为碱储。

7. 血浆 pH 主要取决于其中所含 NaHCO₃ 与 H₂CO₃ 的_____。正常人血浆浓度平均为_____mmol/L，浓度平均为_____mmol/L，两者比值为_____，血浆 pH 为 7.4。

8. 肺通过改变呼吸_____和_____来调节 CO₂ 的_____，调控血浆中_____的浓度来维持血浆 pH 相对恒定；当 PCO₂ 升高、pH 降低时，_____呼吸中枢神经，导致呼吸_____，CO₂ 的排出量_____，[H₂CO₃] _____；当 PCO₂ 降低、pH 升高时，_____呼吸中枢神经，导致呼吸_____，CO₂ 的排出量_____，[H₂CO₃]_____。

9. 肾脏通过_____、_____和_____三种机制来实现酸碱平衡的调节；肾通过 H⁺—Na⁺ 交换的形式，使小管液中_____的比值由原尿的_____降低至_____，pH 由原尿的_____降至终尿的_____；由于 NH₃+H⁺→NH₄⁺，_____作用有利于促进泌氢功能；_____的排出是肾小管泌 H⁺ 的另一种形式。

10. 关于酸碱平衡失常的分类，根据血浆中碳酸氢钠和碳酸浓度的变化，分为_____和_____；可根据引起其发生的首发原因，分为_____和_____酸碱平衡失常；根据血浆中碳酸氢钠和碳酸浓度比是否维持 20:1，分为_____和_____酸碱平衡紊乱。

11. 代谢性酸中毒常见的原因有_____、_____和_____；代谢性碱中毒常见的原因有_____、_____和_____。

12. 代偿性代谢性酸中毒血浆 pH 为_____，二氧化碳分压为_____，二氧化碳结合力为_____，呼吸运动表现为_____；失代偿性代谢性酸中毒血浆 pH 为_____。

13、代偿性代谢性碱中毒血浆 pH 为_____，二氧化碳分压为_____，二氧化碳结合力为_____，呼吸运动表现为_____；失代偿性代谢性酸中毒血浆 pH 为_____。

14. 失代偿性呼吸性酸中毒是由于_____，

二氧化碳的排出量_____，血浆碳酸浓度原发性_____，导致血浆 pH_____，二氧化碳分压_____，二氧化碳结合力_____，血钾浓度_____。

15．失代偿性呼吸性碱中毒是由于_____，二氧化碳的排出量_____，血浆碳酸浓度原发性_____，导致血浆 pH_____，二氧化碳分压_____，二氧化碳结合力_____，血钾浓度_____。

16．正常人血浆 pH 为_____，当 pH_____7.35 为酸中毒，当 pH_____7.45 为碱中毒；二氧化碳分压的正常参考值为_____kPa，可以作为衡量肺泡_____的良好指标，也是反应_____酸或碱中毒的重要指标。二氧化碳结合力的正常值为_____mmol/L。

17．AB 平均值为_____mmol/L，正常时，SB=AB；若 AB<SB，为呼吸性_____中毒；若 AB>SB，为呼吸性_____中毒；若 SB=AB 且两者均降低，为代谢性_____中毒；若 SB=AB 且两者均升高，为代谢性_____中毒。

【综合练习】

A1 型题

1．正常人血浆 pH 为
A．7.3　　　　B．7.35
C．7.35～7.45　　D．7.45
E．7.5

2．人体产生的挥发性酸是
A．磷酸　　　　B．乳酸
C．碳酸　　　　D．硫酸
E．乙酰乙酸

3．机体在分解代谢过程中产生的最多的酸性物质是
A．碳酸　　　　B．乳酸
C．丙酮酸　　　D．磷酸
E．硫酸

4．不属于外源性酸性物质的是
A．调味用的醋酸
B．饮料中的柠檬酸
C．化痰药 NH_4Cl
D．解热镇痛药阿司匹林
E．水果中的苹果酸钠

5．不属于碱性药物的是
A．阿司匹林　　B．小苏打

C．乳酸钠　　　　D．苯妥英钠
E．氢氧化铝

6．对挥发酸进行缓冲的主要系统是
A．碳酸氢盐缓冲系统
B．无机磷酸盐缓冲系统
C．有机磷酸盐缓冲系统
D．血红蛋白缓冲系统
E．蛋白质缓冲系统

7．对固定酸进行缓冲的主要系统是
A．碳酸氢盐缓冲系统
B．磷酸盐缓冲系统
C．血浆蛋白缓冲系统
D．还原血红蛋白缓冲系统
E．氧合血红蛋白缓冲系统

8．以下关于血液对固定酸的缓冲作用，描述错误的是
A．使固定酸转变成固定酸钠
B．会生成酸性较弱的碳酸
C．会使血液的 pH 不至于发生明显的降低
D．只能靠碳酸氢盐缓冲对完成
E．会消耗碳酸氢钠

9. 以下关于血液对挥发性酸的缓冲作用，描述错误的是
   A. 主要由红细胞中的碳酸酐酶催化生成碳酸
   B. 必须与血红蛋白的运氧功能耦联进行
   C. 缓冲生成的碳酸氢根主要通过血浆运输
   D. 伴有血浆中氯离子在红细胞内外的转移
   E. 缓冲生成的碳酸氢根与血红蛋白结合后进行运输

10. 以下关于血液缓冲的作用，描述正确的是
    A. 当血浆中 $NaHCO_3$ 与 H_2CO_3 的相对浓度比为 1:20，则血浆 pH 为 7.4
    B. 对固定酸的缓冲主要靠碳酸
    C. 对碱的缓冲主要靠碳酸氢钠
    D. 碳酸氢盐缓冲体系只存在于血浆中
    E. 血浆 pH 主要取决于 $NaHCO_3$ 与 H_2CO_3 的相对浓度比

11. 正常人血浆 $NaHCO_3$ 与 H_2CO_3 之比为
    A. 10:1   B. 15:1
    C. 20:1   D. 25:1
    E. 2:1

12. 红细胞中最重要的缓冲体系是
    A. 碳酸氢盐缓冲系统
    B. 磷酸盐缓冲系统
    C. 血浆蛋白缓冲系统
    D. 血红蛋白缓冲系统
    E. 以上都不对

13. 以下关于肺对酸碱平衡的调节作用，描述错误的是
    A. 通过改变二氧化碳的呼出量来调节血中碳酸浓度
    B. 血中二氧化碳分压升高时二氧化碳呼出量增多
    C. 血中二氧化碳分压升高时二氧化碳呼出量减少
    D. 血浆 pH 降低时二氧化碳呼出量增多
    E. 血浆 pH 升高时二氧化碳呼出量减少

14. 延髓中枢化学感受器对下述哪些刺激最敏感
    A. 动脉血氧分压
    B. 动脉血二氧化碳分压
    C. 动脉血 pH
    D. 血浆碳酸氢盐浓度
    E. 脑脊液碳酸氢盐

15. 血液 pH 的高低取决于血浆中的
    A. $NaHCO_3$ 浓度
    B. 二氧化碳分压
    C. 二氧化碳结合
    D. $[NaHCO_3]/[H_2CO_3]$ 的比值
    E. 实际碳酸氢盐

16. 判断酸碱平衡紊乱是否为代偿性的主要指标是
    A. 标准碳酸氢盐
    B. 实际碳酸氢盐
    C. pH
    D. 动脉血二氧化碳分压
    E. 二氧化碳结合力

17. 直接反映血浆 $[HCO_3^-]$ 的指标是
    A. pH
    B. 实际碳酸氢盐
    C. 二氧化碳分压
    D. 标准碳酸氢盐
    E. 二氧化碳结合力

18. 血浆 $[NaHCO_3]$ 原发性增高可见于
    A. 代谢性酸中毒
    B. 代谢性碱中毒
    C. 呼吸性酸中毒
    D. 呼吸性碱中毒
    E. 呼吸性酸中毒合并代谢性酸中毒

19. 血浆 $[H_2CO_3]$ 原发性升高可见于
    A. 代谢性酸中毒
    B. 代谢性碱中毒
    C. 呼吸性酸中毒
    D. 呼吸性碱中毒
    E. 呼吸性碱中毒合并代谢性碱中毒

20. 血浆[H₂CO₃]继发性增高可见于

    A. 代谢性酸中毒

    B. 代谢性碱中毒

    C. 慢性呼吸性酸中毒

    D. 慢性呼吸性碱中毒

    E. 呼吸性碱中毒合并代谢性碱中毒

21. 血浆[H₂CO₃]继发性降低可见于

    A. 代谢性酸中毒

    B. 代谢性碱中毒

    C. 呼吸性酸中毒

    D. 呼吸性碱中毒

    E. 呼吸性碱中毒合并代谢性碱中毒

22. 下述哪项原因不易引起代谢性酸中毒

    A. 各种原因引起的缺氧

    B. 严重的肾功能衰竭

    C. 严重腹泻

    D. 剧烈呕吐

    E. 肠瘘、肠道减压吸引

23. 代谢性酸中毒时细胞外液 [H⁺] 升高，其通常与细胞内哪种离子进行交换

    A. Na⁺   B. K⁺

    C. Cl⁻   D. HCO₃⁻

    E. Ca₂⁺

24. 代谢性酸中毒时肾的主要代偿方式是

    A. 泌 H⁺、泌 NH₃ 及重吸收 NaHCO₃ 减少

    B. 泌 H⁺、泌 NH₃ 及重吸收 NaHCO₃ 增加

    C. 泌 H⁺、泌 NH₃ 增加，重吸收 NaHCO₃ 减少

    D. 泌 H⁺、泌 NH₃ 减少，重吸收 NaHCO₃ 增加

    E. 泌 H⁺、泌 NH₃ 不变，重吸收 NaHCO₃ 增加

25. 轻度或中度肾功能衰竭引起代谢性酸中毒的主要发病环节是

    A. 肾小球滤过率明显减少

    B. 肾小管泌 NH₃ 能力增强

    C. 肾小管泌 H⁺ 减少

    D. 碳酸酐酶活性增加

    E. 重吸收 NaHCO₃ 增加

26. 治疗代谢性酸中毒的首选药物是

    A. 碳酸氢钠

    B. 乳酸钠

    C. 三羟甲基氨基甲烷（THAM）

    D. 枸橼酸钠

    E. 葡萄糖酸钠

27. 下述哪项原因不易引起呼吸性酸中毒

    A. 呼吸性中枢抑制

    B. 气道阻塞

    C. 肺泡通气量减少

    D. 肺泡气体弥散障碍

    E. 吸入气中 CO₂ 浓度过高

28. 呼吸性酸中毒时，可以出现

    A. SB 增大   B. AB 减少

    C. SB>AB   D. SB<AB

    E. SB=AB

29. 失代偿性呼吸性酸中毒时，下述哪个系统的功能障碍最明显

    A. 中枢神经系统   B. 心血管系统

    C. 泌尿系统   D. 运动系统

    E. 血液系统

30. 纠正呼吸性酸中毒的最根本措施是

    A. 吸氧

    B. 改善肺泡通气量

    C. 给予 NaHCO₃

    D. 抗感染

    E. 给予乳酸钠

31. 使用利尿剂的过程中较易出现的酸碱平衡紊乱类型是

    A. 代谢性酸中毒

    B. 代谢性碱中毒

    C. 呼吸性酸中毒

    D. 呼吸性碱中毒

    E. 以上都不是

32. 碱中毒时出现手足搐搦的主要原因是

    A. 血钠降低   B. 血钾降低

C. 血镁降低　　　D. 血钙降低

E. 血磷降低

33. 代谢性碱中毒时机体的代偿方式是

A. 肺泡通气量增加

B. 细胞外 H^+ 移入细胞内

C. 细胞内 K^+ 外移

D. 肾小管重吸收 $NaHCO_3$ 增加

E. 肾小管泌 H^+、泌 NH_3 减少

34. 下述哪项不属于代谢性酸中毒的变化

A. 血浆 $[NaHCO_3]$ 增加

B. PCO_2 降低

C. 血浆 $[H_2CO_3]$ 降低

D. 血浆 $[NaHCO_3]$ 降低

E. 二氧化碳结合力降低

35. 代谢性碱中毒常可引起低血钾，其原因是

A. K^+ 摄入减少

B. 细胞外液量增多使血钾稀释

C. 细胞外 H^+ 与细胞内 K^+ 交换增加

D. 消化道排 K^+ 增加

E. 肾排 K^+ 增加

36. 反常性酸性尿可见于

A. 代谢性酸中毒

B. 呼吸性酸中毒

C. 缺钾性碱中毒

D. 呼吸性碱中毒

E. 乳酸酸中毒

37. 引起呼吸性碱中毒的原因是

A. 吸入 CO_2 过少

B. 输入 $NaHCO_3$ 过多

C. 肺泡通气量减少

D. 输入库存血

E. 呼吸中枢兴奋，肺通气量增大

38. 呼吸性碱中毒时，酸碱平衡指标的变化是

A. PCO_2 升高，AB 升高

B. PCO_2 降低，AB>SB

C. PCO_2 升高，SB 无明显变化

D. PCO_2 降低，AB<SB

E. PCO_2 降低，SB 降低

39. 当化验显示 PCO_2 升高、血浆 $[NaHCO_3]$ 减少时，可诊断为

A. 代谢性酸中毒

B. 代谢性碱中毒

C. 呼吸性酸中毒

D. 呼吸性碱中毒

E. 以上都不是

40. 当患者动脉血 pH 7.32，SB 18 mmol/L，PCO_2 34 mmHg（4.53 kPa）时，其酸碱平衡紊乱的类型是

A. 代谢性酸中毒

B. 代谢性碱中毒

C. 呼吸性酸中毒

D. 呼吸性碱中毒

E. 呼吸性酸中毒合并代谢性酸中毒

41. 能引起机体酸碱平衡失常的原因是

A. 因疾病引起体内酸产生过多

B. 因疾病引起体内碱产生过多

C. 因调节机制功能不足使消耗掉的酸得不到补充

D. 因调节机制功能不足使消耗掉的碱得不到补充

E. 以上均是

42. 某患者血 pH7.49，PCO_2 5.67 kPa，$[NaHCO_3]$ 40 mmol/L，其酸碱平衡紊乱的类型是

A. 代谢性酸中毒

B. 呼吸性酸中毒

C. 代谢性碱中毒

D. 呼吸性碱中毒

E. 呼吸性碱中毒合并代谢性碱中毒

43. 以下关于酸碱平衡调节的描述，错误的是

A. 需要血液缓冲、肺和肾调节三种机制共同参与

B. 血液反应迅速但缓冲能力有限

C. 肺只能调节血液中的碳酸浓度

D. 肾脏发挥作用较慢，但强而持久

E．血液作为缓冲外来酸钾物质的先锋，
在酸碱平衡调节中起最主要作用

44. **在混合型酸碱平衡紊乱中不可能出现的类型是**

A．呼吸性酸中毒合并代谢性酸中毒

B．呼吸性碱中毒合并代谢性碱中毒

C．呼吸性酸中毒合并代谢性碱中毒

D．呼吸性酸中毒合并呼吸性碱中毒

E．代谢性酸中毒合并代谢性碱中毒

45. **以下关于二氧化碳结合力的描述，错误的是**

A．是指血浆中以HCO_3^-形式存在的二氧化碳

B．正常值为 22～31 mmol/L

C．代谢性酸中毒时降低

D．代谢性碱中毒时升高

E．凭此指标即可判断酸中毒或碱中毒

（荣熙敏）

第十一章 肝生物化学

【知识要点】

一、肝脏在物质代谢中的作用

肝脏的组织结构和化学组成的特点：① 具有双重的血液供应；② 有两条输出管道；③ 有丰富的血窦；④ 细胞内含有大量的细胞器和多种酶类。

1. 肝脏在糖代谢中的作用：维持血糖浓度的相对恒定，通过糖原合成、糖原分解和糖异生作用三个机制来调节实现的。

2. 肝脏在脂类代谢中的作用：肝脏在脂类的消化、吸收、分解、合成及运输等过程中均起着重要的作用。

3. 肝脏在蛋白质代谢中的作用：肝脏是合成蛋白质、进行氨基酸代谢及合成尿素的重要器官。

4. 肝脏在维生素代谢中的作用：肝脏在维生素的吸收、贮存和转化等代谢中均起着主要作用。

5. 肝脏在激素代谢中的作用：肝脏是激素灭活的主要器官。肝功能障碍时，激素灭活作用减弱，血中相应的激素水平就会升高。

肝脏疾患时的临床表现及产生原因见表 11-1。

表 11-1 肝脏疾患时可能出现的临床现象及其产生原因

指 标	临床表现	原 因
糖代谢	低血糖	肝糖原储存下降，糖异生减弱
脂类代谢	厌油腻及脂肪泻	分泌胆汁酸的能力下降或排出障碍
	脂肪肝	极低密度脂蛋白合成减少
蛋白质代谢	肝性脑病	尿素合成能力下降
	水肿或腹水	清蛋白合成减少
	凝血慢及出血倾向	凝血酶原、纤维蛋白原合成减少
维生素代谢	出血倾向、夜盲症	维生素 K、维生素 A 的吸收、转运与代谢障碍
激素代谢	蜘蛛痣、肝掌	肝对雌激素的灭活功能降低

二、胆汁酸代谢

1. 胆汁：概念、种类、成分。

2. 胆汁酸的代谢与功能：

(1) 胆汁酸的分类：见表 11-2。

① 合成原料：胆固醇。② 限速酶：7α-羟化酶。

表 11-2　胆汁酸的分类

来源分类＼结构分类	游离胆汁酸	结合胆汁酸
初级胆汁酸 （肝内由胆固醇生成）	胆酸、鹅脱氧胆酸	甘氨胆酸、牛黄胆酸、甘氨鹅脱氧胆酸、牛黄鹅脱氧胆酸
次级胆汁酸 （由初级胆汁酸在肠道菌作用下转变而成）	脱氧胆酸、石胆酸	甘氨脱氧胆酸、牛黄脱氧胆酸、甘氨石胆酸、牛黄鹅石胆酸

(2) 胆汁酸的功能：① 促进脂类物质的消化吸收；② 抑制胆固醇结石的形成；③ 胆汁酸的肠肝循环（概念、生理意义）。

三、肝脏的生物转化作用

1. 生物转化的概念：

(1) 对象：非营养性物质（内源性和外源性）。

(2) 目的：增加水溶性，而易于随胆汁或尿液排出体外。

(3) 部位：肝最重要，功能最强。

2. 生物转化的作用：

(1) 增加水溶性，而易于随胆汁或尿液排出。

(2) 对有毒物质进行解毒，对机体起保护作用。

3. 肝脏生物转化作用的特点：

(1) 生物转化作用具有多样性和连续性。

(2) 解毒与致毒的双重性。

4. 生物转化的反应类型：

(1) 第一相反应：

① 氧化反应：见表 11-3。

表 11-3　氧化反应酶系

酶　系	亚细胞定位	组　成	特　点
加单氧酶系 （混合功能氧化酶系、羟化酶）	微粒体 （滑面内质网）	NADPH-细胞色素 P450 还原酶、细胞色素 P450、NADPH	可被诱导合成（苯巴比妥、利福平等）
单胺氧化酶系	线粒体		
脱氢酶系	细胞液、线粒体		

② 还原反应：肝细胞中生物转化的还原反应主要有偶氮还原酶和硝基还原酶所催化的两类反应。硝基还原酶存在于肝、肾、肺等细胞微粒体中；偶氮还原酶存在于肝细胞微粒体中。

③ 水解反应：某些酯类（普鲁卡因）、酰胺类（异丙异烟肼）及糖苷类化合物（洋地黄毒苷）可分别在酯酶、酰胺酶、糖苷酶等水解酶的作用下被水解。

(2) 第二相反应：结合反应是体内最重要的生物转化反应类型，可在肝细胞的微粒体、胞液和线粒体内进行，其中以葡萄糖醛酸结合最为重要。见表 11-4。

表 11-4 常见的结合反应类型

结合基团	直接供体（活性结合物）	酶 类	细胞定位
葡萄糖醛酸结合	二磷酸尿苷葡萄糖醛酸（UDPGA）	葡萄糖醛酸转移酶	微粒体
硫酸结合	3′-磷酸腺苷 5′-磷酸硫酸（PAPS）	硫酸转移酶	胞液
甲基化	S-腺苷蛋氨酸（SAM）	甲基转移酶	胞液
乙酰化	乙酰辅酶 A	乙酰基转移酶	胞液

5. 影响生物转化的因素：生物转化作用常受年龄、性别、肝疾病及药物等体内外因素的影响。

(1) 新生儿和老年人对药物的转化能力降低，故用药要慎重。

(2) 女性生物转化能力通常强于男性。

(3) 肝实质性病变，生物转化降低。

(4) 某些药物或毒物可诱导相关酶的合成。

四、胆色素代谢

1. 胆色素的概念及种类。

2. 胆色素的来源。

3. 胆色素的分解代谢：

(1) 胆红素的生成：

① 来源：主要是衰老死亡的红细胞中血红蛋白的分解。

② 生成场所：单核吞噬细胞系统。

③ 生成过程：血红蛋白→血红素→胆绿素→胆红素。

④ 限速酶：血红素加氧酶。

(2) 胆红素的运输：① 在血中的运输形式；② 生理意义；③ 竞争物质。

4. 胆红素在肝中的代谢：

(1) 摄取。

(2) 转化：① 部位：滑面内网质。② 反应：结合反应。③ 产物：结合胆红素。

(3) 排泄。

5. 胆红素在肠中的转变及胆素原的肠肝循环：

(1) 胆素原的代谢去路：

① 80%～90%随粪便排出。

② 10%～20%重吸收回肝，其中大部分进行胆素原的肠肝循环，小部分进入体循环到肾脏随尿液排出。

(2) 胆素原的肠肝循环概念。

6. 血清胆红素与黄疸：① 黄疸的概念；② 隐性黄疸；③ 显性黄疸；④ 血中两种胆红素的区别（见表 11-5）。

表 11-5　两类胆红素的比较

项　目	游离胆红素	结合胆红素
别　名	间接胆红素 血胆红素	直接胆红素 肝胆红素
与葡萄糖醛酸结合	未结合	结合
与重氮试剂反应	慢或间接反应	迅速直接反应
水中溶解度	小	大
经肾随尿液排出	不能	能
通透细胞膜对脑的毒性作用	大	无

　　7. 临床上黄疸按原因分三种：① 溶血性黄疸（肝前性黄疸）；② 肝细胞性黄疸（肝原性黄疸）；③ 阻塞性黄疸（肝后性黄疸）。

　　三种类型黄疸异常改变比较见表 11-6。

表 11-6　三种类型黄疸异常改变比较

类　型	血　液		尿　液		粪便颜色
	未结合胆红素	结合胆红素	胆红素	胆素原	
正常	有	无或极微	无	少量	黄色
溶血性黄疸	增加	不变或微增	无	显著增加	加深
阻塞性黄疸	不变或微增	增加	有	减少或无	变浅
肝细胞性黄疸	增加	增加	有	不定	变浅

　　⑧ 新生儿生理性黄疸的成因：

　　(1) 新生儿肝细胞内葡萄糖醛酸基转移酶活性不高。

　　(2) 胆红素在新生儿体内产生较多。

　　(3) 新生儿肝细胞内缺乏 Y 蛋白，故摄取胆红素的能力也比成人差，这些都可能促使新生儿生理性黄疸的发生。

五、常用肝功能试验及临床意义

　　1. 血浆蛋白的检测：

　　(1) 清蛋白和球蛋白的比值（A/G）为（1.5～2.5):1，是判断肝功能的重要指标。

　　(2) 甲胎蛋白（AFP）：可作为诊断原发性肝癌的重要指标。

　　2. 血清酶类检测：丙氨酸氨基转移酶（ALT）和天冬氨酸氨基转移酶（AST）、碱性磷酸酶（AKP）、γ-谷氨酰转肽酶（γ-GT）。

　　3. 胆色素的检测：尿三胆，即尿中胆红素、胆素原和尿胆素。

【课前预习】

一、基础复习

　　1. 糖代谢：① 糖原合成；② 糖原分解；③ 糖异生。

2. 脂类代谢：① 脂肪酸的分解；② 酮体的合成；③ 胆固醇的代谢转变；④ 血浆脂蛋白的分类和功能。

3. 蛋白质代谢：① 氨基酸的脱氨基作用；② 鸟氨酸循环。

4. 维生素：① 概念；② 分类；③ B 族维生素与辅酶。

5. 肝在糖脂蛋白质代谢中的作用；胆汁酸的分类；生物转化的概念、生理意义和分类；胆色素和黄疸的概念；结合胆红素和未结合胆红素的概念和区别。

二、预习目标

1. 肝脏维持血糖浓度是通过_____、_____和_____三个机制来调节实现的；A/G 的中文名称是_____，其正常比值为_____，它是判断_____功能的重要指标之一。

2. 由肠道重吸收的胆汁酸经_____入肝，在肝脏中游离型胆汁酸又转变成_____，并同新合成的结合型初级胆汁酸一起再次被排入肠道，此循环过程称为胆汁酸的_____；胆汁酸的循环使用，使有限的胆汁酸发挥最大限度的_____，以保证脂类的消化吸收。

3. 肝脏生物转化作用的特点是_____和_____，同时具有_____与_____的双重性；通常将生物转化反应分为_____反应。第一相反应包括_____、_____、_____反应，第二相反应即_____反应。每一相反应又各自包括多种不同的反应，分别在不同的部位中进行；生物转化第二相反应——结合反应中最常见的结合基团供体有_____、_____、_____和_____；生物转化作用常受_____、_____、_____及_____等体内外因素的影响。

4. 在血中，胆红素主要与血浆_____结合为血胆红素，这是胆红素在血中的运输形式，_____复合体这种运输形式，既增加了胆红素的_____，增加了血浆对胆红素的_____能力，又限制了胆红素自由透过各种生物膜，以免造成对组织的_____作用。

5. 结合胆红素随胆汁排入肠道后，经_____作用，逐步进行_____反应，生成无色的尿（粪）_____。

6. 胆素原在肠道下段被空气氧化成黄色的_____，这是粪便颜色的来源；胆红素进入肝细胞胞液，即与_____或_____结合成为复合物,这增加了它的水溶性,复合物即被运送到_____上进行生物转化的第二相反应，转变成_____，随胆汁通过胆道排入肠道。

【课后巩固】

一、名词解释

初级胆汁酸　　次级胆汁酸　　生物转化作用　　胆汁酸的肠肝循环　　胆色素未结合胆红素　　结合胆红素　　胆素原　　胆色素的肠肝循环　　黄疸

二、填空题

1. 肝脏是人体内最大的、多功能的腺体器官，重约 1 ~ 1.5 kg，肝脏在体内的_____、_____、_____、_____以及_____等物质代谢中发挥着重要作用。

2. 肝脏对糖代谢的作用是_____，以确保全身各组织的能量需要；肝脏维持血糖浓度是通过_____、_____和_____三个机制来调节实现的。

3. 急性肝炎时_____明显升高；肝脏通过_____循环合成_____来降低血氨。

4. 肝脏在维生素的_____、_____和_____等代谢中均起着主要作用；肝脏是维生素_____、_____、_____、_____的主要贮存场所，肝脏又是维生素转化的场所，如_____可在肝脏转变为维生素 A，维生素 D_3 可在肝脏转化为_____。

5. 肝脏是激素_____的重要器官，肝功能障碍时，激素灭活作用_____，血中相应的激素水平就会_____，如雌激素水平_____，可出现"肝掌"和蜘蛛痣。

6. 胆汁酸按其在体内来源的不同可分为_____和_____。在肝细胞内以_____为原料合成的叫初级胆汁酸，包括_____及_____；而后在肠道内经肠菌中酶的作用形成次级胆汁酸，包括_____和_____；结合胆汁酸即上述胆汁酸与_____或_____结合而成的。

7. 由肠道重吸收的胆汁酸经_____入肝，在肝脏中游离型胆汁酸又转变成_____，并同新合成的结合型初级胆汁酸一起再次被排入肠道，此循环过程称为胆汁酸的_____；胆汁酸的循环使用，使有限的胆汁酸发挥最大限度的_____，以保证脂类的消化吸收。

8. 胆色素是指含_____化合物在体内分解代谢的产物，包括_____、_____、_____和_____，其中最主要的是_____；胆红素主要来源于衰老红细胞中_____的分解，其他则来自非血红蛋白的含铁卟啉化合物_____、_____、和_____等的分解。

9. 结合胆红素溶于水，正常时血、尿中_____结合胆红素，只有当_____阻塞，毛细胆管因压力过高而破裂时，它才可能逆流入血，在血、尿中出现。结合胆红素与重氮试剂反应，迅速生成一种紫色偶氮化合物，称为_____胆红素；未结合胆红素与重氮试剂反应时，需先加酒精或尿素后，才产生明显的颜色反应，称为_____胆红素。

10. 生理情况下，小肠下段生成的胆素原大部分随粪便排出，只有 10% ~ 20%被肠道重吸收，经_____入肝，除有部分胆素原进入体循环外，其中大部分以原形随胆汁再次排入肠道，此过程称为胆素原的_____。

11. 正常人血清总胆红素_____。当血清总胆红素浓度为 1 ~ 2 mg/dl(17 ~ 34 mmol/L)时，肉眼不易观察到黄染，称为_____黄疸；当 > 2 mg/dl(34 mmol/L)时，巩膜、皮肤黄染明显，称为_____黄疸。

12. 黄疸分为三种类型，即_____性黄疸、_____性黄疸和_____性黄疸。溶血性黄疸又称_____，是由于_____大量破坏，_____在体内形成过多，超过了_____处理胆红素的能力而发生的黄疸；肝细胞性黄疸又称_____，是因为肝细胞受损，导致对胆红素的_____、_____和_____障碍而引起的黄疸；阻塞性黄疸又称_____，是由于各种原因导致的胆红素在肝外的_____障碍，使胆汁中的_____逆流入血而引起的黄疸。

13. 溶血性黄疸的特点是血清总胆红素升高，以_____升高为主，因_____不能由肾小球滤过，故尿中_____胆红素；_____最大限度地处理和排泄胆红素，因此粪便和尿液的胆素原_____，颜色均_____。

14. 肝细胞性黄疸的特点是血中_____和_____均升高，_____能由肾小球滤过，故尿中胆红素_____性，肝对结合胆红素的生成和排泄均_____，粪便颜色多_____，由于肝细胞受损程度不一，故尿中胆素原含量变化_____。

15. 阻塞性黄疸的特点是血清总胆红素升高，以_____升高为主，因_____不能由肾小球滤过，故尿中胆红素呈_____性；结合胆红素排入肠道受阻，肠中胆素原生成_____或_____，因此粪便颜色_____甚至成_____，尿液颜色_____。尿双胆试验中，完全梗阻性黄疸，尿胆原呈_____，尿胆红素呈_____。

【综合练习】

A1 型题

1. 关于肝脏的结构与功能，下列哪种说法不正确
   A. 具有双重血液供应，即肝动脉和门静脉
   B. 存在两条输出通道，即肝静脉和胆道
   C. 含有丰富的酶体系，促进各种物质代谢的进行
   D. 不耗氧，依靠糖酵解供能
   E. 有大量的肝血窦，有利于物质交换

2. 脏在糖代谢中的作用，最主要的是
   A. 维持血糖浓度的相对恒定
   B. 使血糖浓度降低
   C. 使血糖浓度升高
   D. 使糖异生增强
   E. 使糖酵解作用增强

3. 短期饥饿时，血糖浓度的维持主要靠
   A. 肝糖原分解
   B. 肌糖原分解
   C. 肝糖原合成
   D. 糖异生作用
   E. 组织中的葡萄糖利用降低

4. 长期饥饿时，肝进行的主要代谢途径是
   A. 蛋白质的合成
   B. 糖的有氧氧化
   C. 脂肪的合成
   D. 糖异生作用
   E. 糖酵解

5. 肝不能利用的物质是
   A. 蛋白质　　　　　B. 糖
   C. 酮体　　　　　　D. 脂肪
   E. 胆固醇

6. 肝脏在脂类代谢中所特有的作用是
   A. 合成磷脂
   B. 合成胆固醇
   C. 将糖转变成脂肪
   D. 生成酮体
   E. 参与脂肪的分解代谢

7. 关于肝脏在脂类代谢中的作用，下列哪一条不正确
   A. 肝脏是合成分泌胆汁酸盐的唯一器官
   B. 肝脏是脂肪代谢的主要场所
   C. 所有血浆脂蛋白均在肝脏中合成
   D. 肝脏是合成磷脂的主要场所
   E. 肝脏是合成酮体的唯一器官

8. 合成酮体的主要器官是
   A. 红细胞　　　　　B. 脑
   C. 骨骼肌　　　　　D. 肝

E．肾

9．胆固醇在肝的转化主要是
A．合成维生素 D
B．合成类固醇激素
C．合成胆汁酸盐
D．转变成类固醇
E．合成胆色素

10．导致脂肪肝的主要原因是
A．蛋白质供应不足
B．肝脏将糖转变为脂肪的能力亢进
C．磷脂缺乏、脂蛋白合成障碍，输出脂肪能力下降
D．高脂肪饮食
E．高胆固醇饮食

11．正常人在肝脏中合成量最多的血浆蛋白质是
A．脂蛋白　　　　　B．球蛋白
C．清蛋白　　　　　D．凝血酶原
E．纤维蛋白原

12．可用于判断肝对蛋白质代谢功能的指标是
A．尿三胆　　　　　B．A/G 比值
C．血清 ALT 活性　　D．P/O 比值
E．Km 值

13．肝功能受损时血中蛋白质的主要改变是
A．清蛋白含量升高
B．球蛋白含量下降
C．清蛋白含量升高，球蛋白含量降低
D．清蛋白含量降低，球蛋白含量相对升高
E．清蛋白、球蛋白都降低

14．当肝合成尿素减少时血液中升高的物质是
A．血糖　　　　　　B．血氨
C．血脂　　　　　　D．血胆固醇
E．血 K^+

15．对肝癌的诊断最有意义的是
A．血浆蛋白质电泳
B．血清肌酸测定
C．血清尿素氮测定
D．血清甲胎蛋白测定
E．血浆蛋白质测定

16．A/G 比值是指
A．清蛋白与球蛋白的比值

B．腺嘌呤与鸟嘌呤的比值
C．腺苷酸与鸟苷酸的比值
D．氨基酸与核苷酸的比值
E．丙氨酸氨基转移酶与天冬氨酸氨基转移酶的比值

17．氨在肝中的主要代谢去路是
A．合成氨基酸　　　B．合成谷氨酰胺
C．合成尿素　　　　D．合成碱基
E．合成蛋白质

18．在肝中转变成辅酶Ⅰ和辅酶Ⅱ的维生素是
A．维生素 PP　　　　B．维生素 B_{12}
C．维生素 C　　　　　D．叶酸
E．维生素 B_6

19．肝病患者出现蜘蛛痣或肝掌是因为
A．胰岛素灭活减弱
B．雌性激素灭活减弱
C．雄性激素灭活减弱
D．雌性激素灭活增强
E．醛固酮灭活增强

20．胆汁固体成分中含量最多的是
A．胆固醇　　　　　B．胆色素
C．脂类　　　　　　D．磷脂
E．胆汁酸盐

21．胆汁酸是由哪种物质转变而来的
A．胆固醇　　　　　B．葡萄糖
C．类固醇　　　　　D．脂肪酸
E．蛋白质

22．下列哪种胆汁酸是次级胆汁酸
A．甘氨鹅脱氧胆酸
B．甘氨胆酸
C．牛磺鹅脱氧胆酸
D．脱氧胆酸
E．牛磺胆酸

23．下列哪组胆汁酸是初级胆汁酸
A．胆酸，脱氧胆酸
B．甘氨胆酸，石胆酸
C．牛磺胆酸，脱氧胆酸
D．石胆酸，脱氧胆酸
E．甘氨鹅脱氧胆酸，牛磺鹅脱氧胆酸

24．结合胆汁酸不包括

A．甘氨胆酸

B．牛磺胆酸

C．甘氨鹅脱氧胆酸

D．石胆酸

E．牛磺鹅脱氧胆酸

25. **以下对胆汁酸"肠肝循环"的描述，错误的是**

A．结合型胆汁酸在肠菌作用下水解为游离型胆汁酸

B．结合型胆汁酸的重吸收主要在回肠部

C．重吸收的胆汁酸被肝细胞摄取并可转化成为结合型胆汁酸

D．人体每天进行 6～12 次肠肝循环

E．"肠肝循环"障碍并不影响对脂类的消化吸收

26. **胆汁酸合成的限速酶是**

A．7α-羟化酶

B．7α-羟胆固醇氧化酶

C．胆酰 CoA 合成酶

D．鹅脱氧胆酰 CoA 合成酶

E．胆汁酸合成酶

27. **人体生物转化作用最重要的器官是**

A．肝　　　　B．肾

C．大脑　　　D．肌肉

E．肾上腺

28. **生物转化最主要的作用是**

A．使毒物的毒性降低

B．使药物失去药理活性

C．使生物活性物质失活

D．增强作用物的水溶性，促进从肾脏和胆道排出

E．氧化供能

29. **下列哪一个不是非营养性物质的来源**

A．肠道细菌腐败作用的产物被重吸收

B．体内合成的非必需氨基酸

C．外界的药物、毒物

D．体内氨基酸代谢产生的氨、胺等

E．食品添加剂如色素等

30. **生物转化的第一相反应中最主要的是**

A．氧化反应　　B．还原反应

C．水解反应　　D．脱羧反应

E．结合反应

31. **生物转化的第二相反应中最常见的结合反应是**

A．与硫酸结合

B．与乙酰 CoA 结合

C．与葡萄糖醛酸结合

D．与甲基结合

D．与谷胱甘肽结合

32. **下列关于生物转化的叙述哪项是错误的**

A．对体内非营养物质的改造

B．使非营养物的活性降低或消失

C．可使非营养物溶解度增加

D．非营养物从胆汁或尿液中排出体外

E．以上都不对

33. **生物转化的还原反应中氢的供体是**

A．NADH　　　B．NADPH

C．FMNH₂　　　D．FADH₂

E．CoQH₂

34. **不属于生物转化的反应是**

A．氧化反应　　B．水解反应

C．还原反应　　D．结合反应

E．以上都不是

35. **胆色素不包括**

A．胆红素　　　B．胆绿素

C．胆素原　　　D．胆素

E．细胞色素

36. **下列何种物质不属于铁卟啉化合物**

A．血红蛋白

B．肌红蛋白

C．细胞色素

D．过氧化物酶和过氧化氢酶

E．清蛋白

37. **胆红素主要来源于**

A．血红蛋白分解

B．肌红蛋白分解

C．过氧化物酶分解

D．过氧化氢酶分解

E. 细胞色素分解

38. 肝进行生物转化时葡萄糖醛酸的活性供体是

   A. GA   B. UDPG

   C. UDPGA   D. UDPGB

   E. UTP

39. 肝细胞对胆红素生物转化的作用是使胆红素

   A. 与清蛋白结合

   B. 与 Y-蛋白结合

   C. 与 Z-蛋白结合

   D. 与葡萄糖结合

   E. 与葡萄糖醛酸结合

40. 胆红素葡萄糖醛酸酯的生成需

   A. 葡萄糖醛酸基结合酶

   B. 葡萄糖醛酸基转移酶

   C. 葡萄糖醛酸基脱氢酶

   D. 葡萄糖醛酸基水解酶

   E. 葡萄糖醛酸基酯化酶

41. 溶血性黄疸的特点是

   A. 血中结合胆红素含量增高

   B. 血中胆素原剧减

   C. 尿中胆红素增加

   D. 血中未结合胆红素浓度异常增高

   E. 粪便颜色变浅

42. 巴比妥药物降低血清未结合胆红素的浓度是由于

   A. 药物增加了它的水溶性,有利于游离胆红素从尿液中排出

   B. 诱导肝细胞内载体蛋白-Y 合成

   C. 抑制 UDP 葡萄糖醛酸基转移酶的合成

   D. 激活 Z 蛋白合成

   E. 与血浆清蛋白竞争结合

43. 结合胆红素是

   A. 胆素原

   B. 胆红素-BSP

   C. 胆红素-Y 蛋白

   D. 胆红素-Z

   E. 葡萄糖醛酸胆红素

44. 血中胆红素的主要运输形式是

   A. 胆红素-清蛋白

   B. 胆红素-Y 蛋白

   C. 胆红素-葡萄糖醛酸酯

   D. 胆红素-氨基酸

   E. 胆素原

45. 阻塞性黄疸尿中主要的胆红素是

   A. 游离胆红素

   B. 葡萄糖醛酸胆红素

   C. 结合胆红素-清蛋白复合物

   D. 胆红素-Y 蛋白

   E. 胆红素-Z 蛋白

46. 阻塞性黄疸时与重氮试剂反应为

   A. 直接反应阴性

   B. 直接反应阳性

   C. 直接反应阴性,间接反应强阳性

   D. 双相反应阴性

   E. 双相反应阳性

47. 下列哪项会导致尿胆原排泄减少

   A. 肠梗阻   B. 溶血

   C. 碱中毒   D. 胆道阻塞

   E. 肝细胞性黄疸

48. 关于肝细胞性黄疸,血尿胆红素的变化,以下叙述正确的是

   A. 尿胆红素阳性

   B. 血清结合胆红素阴性

   C. 血清未结合胆红素无变化

   D. 尿胆红素阴性

   E. 尿中无结合胆红素

49. 口服消胆胺降低血清胆固醇含量的机制是

   A. 减少胆汁酸的重吸收,解除其对 3α-羟化酶抑制

   B. 减少胆汁酸的重吸收,解除其对 7α-羟化酶抑制

   C. 增加胆汁酸的重吸收,解除其对 12α-羟化酶抑制

   D. 减少胆汁酸的重吸收,解除其对 7α-脱羟酶抑制

   E. 减少胆汁酸生成,解除其对 HMGCoA 还原酶的抑制

50. 以下关于阻塞性黄疸的叙述,正确的是

A．胆红素的摄取与结合异常

B．血清未结合胆红素水平升高

C．粪胆素原的排出降低

D．与重氮试剂反应直接呈阳性

E．尿中胆红素排出减少或阴性

51．下列哪种物质不与胆红素竞争结合清蛋白

A．磺胺类　　　B．NH_4^+

C．胆汁酸　　　D．脂肪酸

E．水杨酸

52．未结合胆红素明显升高，尿胆红素阴性，尿、粪胆素原明显增多，出现黄疸的原因有可能是

A．肝硬化　　　B．胰头癌

C．急性溶血　　D．急性肝炎

E．胆结石

53．哪种胆红素不能直接与重氮试剂反应，必须加入酒精或尿素后才易反应产生紫红色偶氮化合物

A．未结合胆红素

B．结合胆红素

C．直接胆红素

D．肝胆红素

E．以上都不是

54．下列哪种不是生物转化中结合物的供体

A．UDPGA　　　B．PAPS

C．SAM　　　　D．乙酰 CoA

E．葡萄糖酸

55．以下关于胆汁酸盐的错误叙述是

A．在肝内由胆固醇合成

B．为脂类吸收中的乳化剂

C．能抑制胆固醇结石的形成

D．是胆色素的代谢产物

E．能经肠肝循环被重吸收

56．下列有关胆红素的说法，错误的是

A．它具有亲脂疏水的特性

B．在血中主要以清蛋白-胆红素复合体形式运输

C．在肝细胞内主要与葡萄糖醛酸结合

D．单葡萄糖醛酸胆红素是主要的结合产物

E．胆红素由肝内排出是一个较复杂的耗能过程

57．胆红素在小肠中被肠菌还原为

A．血红素　　　B．胆绿素

C．尿胆素　　　D．粪胆素

E．胆素原

58．正常人粪便中的主要色素是

A．血红素　　　B．胆素原

C．胆红素　　　D．粪胆素

E．胆绿素

59．参与胆绿素转变成胆红素的酶是

A．加氧酶系

B．胆绿素还原酶

C．乙酰转移酶

D．过氧化氢酶

E．葡萄糖醛酸基转移酶

60．胆红素生成的限速酶是

A．血红素加氧酶系

B．胆绿素还原酶

C．乙酰转移酶

D．过氧化氢酶

E．葡萄糖醛酸基转移酶

61．以下关于结合胆红素的叙述，错误的是

A．水溶性大

B．能从尿液中排出

C．毒性小

D．与重氮试剂直接反应

E．不能从尿液中排出

62．胆色素的产生、转运和排出所经过的基本途径是

A．肝脏→血液→胆道→肠

B．血液→胆道→肝脏→肠

C．单核吞噬细胞→血液→肝脏→肠

D．单核吞噬细胞→肝→血液→肠

E．肝脏→吞噬细胞系统→血液→肠

63．维生素 D_3 的活性形式是

A．$1,25\text{-}(OH)_2\text{-}D_3$

B．$24,25\text{-}(OH)_2\text{-}D_3$

C．1,24-(OH)$_2$-D$_3$

D．1,24,25-(OH)$_3$-D$_3$

E．1,25-(OH)$_2$-D$_2$

64．溶血性黄疸时下列哪项不存在

A．血中未结合胆红素增加

B．尿胆素原增加

C．尿中出现胆红素

D．粪便颜色加深

E．尿液颜色加深

65．以下关于胆红素的正确叙述是

A．结合胆红素又称血胆红素

B．未结合胆红素又称肝胆红素

C．胆红素又称血红素

D．胆红素包括结合胆红素和未结合胆红素

E．胆红素又称胆素

66．苯巴比妥治疗新生儿高胆红素血症的机制主要是

A．使肝血流量增加

B．肝细胞摄取胆红素能力增强

C．使 Z 蛋白合成能力增加

D．使 Y 蛋白合成能力减少

E．诱导葡萄糖醛酸转移酶的生成

67．正常人血浆总胆红素含量为

A．2.0～4.0 mg/dl(34.0～68.0 μmol/L)

B．<1.0 mg/dl(17.1 μmol/L)

C．>1.0 mg/dl(17.1 μmol/L)

D．1.0～2.0 mg/dl(17.1～34.2 μmol/L)

E．>1.0～2.0 mg/dl(17.1～34.2 μmol/L)

68．关于胆色素的叙述，正确的是

A．是铁卟啉化合物的代谢产物

B．胆色素包括胆红素、胆绿素、胆素原和胆素，都有颜色

C．胆红素还原变成胆绿素

D．胆素原是肝胆红素在肠道细菌作用下与乙酰 CoA 形成的

E．胆红素与胆色素实际是同一物质，只是环境不同，而有不同命名

69．如果血氨浓度明显增高，同时血中尿素浓度明显降低，可能是

A．肾衰竭

B．尿素水解加强

C．肝功能障碍

D．内源性氨增加

E．外源性氨增加

70．粪便呈陶土色的患者应考虑可能是

A．胆红素代谢正常

B．完全阻塞性黄疸

C．部分阻塞性黄疸

D．溶血性黄疸

E．肝细胞性黄疸

（荣熙敏）

参考文献

[1]　傅松滨. 医学生物学[M]. 8 版. 北京：人民卫生出版社，2013.

[2]　梁素华. 医学遗传学[M]. 3 版. 北京：人民卫生出版社，2014.

[3]　张咏莉，黄清松，陈爱葵. 医学生物学实验指导[M]. 武汉：华中科技大学出版社，2008.

[4]　王学民，康晓慧，张丽华. 医学生物学学习指导[M]. 北京：人民卫生出版社，2004.

[5]　万福生，揭克敏. 医学生物化学[M]. 北京：科学出版社，2010.

[6]　杨恬. 细胞生物学[M]. 2 版. 北京：人民卫生出版社，2011.

[7]　艾旭光，王春梅. 生物化学基础[M]. 3 版. 北京：人民卫生出版社，2015.

[8]　欧瑜. 生物化学学习指导与习题集[M]. 北京：人民卫生出版社，2007.

[9]　查锡良. 生物化学学习指导及习题集[M]. 北京：人民卫生出版社，2012.

[10]　李月秋，生物化学[M]. 2 版. 北京：人民卫生出版社，2008.

[11]　何旭辉，吕士杰. 生物化学[M]. 7 版. 北京：人民卫生出版社，2014.

[12]　张来群，谢丽涛，李宏. 生物化学习题集[M]. 2 版. 北京：科学出版社，2016.